成年人的世界
没有容易二字

老杨的猫头鹰 著

果麦文化 出品

送给不想长大的成年人
和刚刚过期的小朋友。

欢迎来到成年人的世界，

它功利、俗气、油腻、残酷、
麻烦不断，

但是最终，

你会爱上它的。

努力的意义就是：
当好运降临在自己身上时，你会觉得"我配"，
而不是眼看着好事落在别人身上，然后愤愤地说"我呸"。

谁不是玻璃心呢？

只不过是有的人知道在心的外面裹上几层隔音海绵，

心碎一地的时候，

自然没有人听得见。

很多南墙不是为了拦住你，
　只是要你证明一下：
你到底有多想到达目的地。

成年人和这个世界默认的约法三章是：
自己做决定，自己想办法，自己承担后果。

如果有一天，你选择结婚，我希望你是发自内心地觉得幸福，
而不是松了一口气，觉得自己总算完成了一个任务。
如果有一天，你选择离婚，我希望你明白：离婚不是结婚的反义词，
因为结婚是为了幸福，离婚也是。

活成自己讨厌的样子,
并不代表你活错了,
它仅仅意味着,
曾经的你还没有被生活盘过。

不要急,
没有一朵花,
从一开始就是花;
也不要嚣张,
没有一朵花,
到最后还是花。

不用紧张自己的爱好太小众，
既然喜欢小众的东西，
就不必在乎大众的眼光。
不用担心把喜欢的事搞砸了，
任何你喜欢做的事情，
都值得你"多搞砸几次"。

每个人都是自己的驯兽师，
但不能以兽的驯服程度来评判一个人的成熟程度。
因为生活给有的人分了一头狮子，
给有的人分了一只羊。

愿你在鸡零狗碎的生活中找到专属于你的称心如意，
也愿你渐入佳境的人生配得上这一路的颠沛流离。

>>> >>>

你是你所经过之路上唯一的行者

未知无限
大于已知

人的入之间
差着另外一个儿比较好

我见识多无法
能读书不过是句单

首先要小
有点明的犯错

但有人却起来
没有遇到二十岁

即一种人生的选择
随便过

前言

欢迎光临成年人的世界

不知道从什么时候开始,人生就像是按了加速键。

带着一点儿"急",就好像全世界的钟表都在你耳边"嘀嗒嘀嗒"响,就好像稍微放慢脚步就会错过幸运女神的末班车。

又带着一点儿"怕",怕自己追求的是错的,怕自己想要的来不及拥有,怕自己拥有的会突然失去。

还带着一点儿"不甘心",不甘心这辈子就这样了,不甘心成为街上一抓一大把的庸人,不甘心活成了自己讨厌的样子。

在你心里乱窜的,一边是对成功的急切渴望,一边是对悠闲的心驰神往。

你眼看着生命的"进度条"推进了不少,人生的剧情却没什么发展。

你每天活在"我要落后了"的恐慌和"我不知道怎么办"的迷茫中，同时又沉沦在"我告诉自己要努力，就等于努力了"的三分钟热度里。

你空有横刀立马和攻城略地的雄心壮志，却又因为害怕失败而在立锥之地止步不前。

结果是，你的野心总在深夜开始上头，等到天亮又黯然收场。

让你失望的，一边是铺天盖地的孤独，一边是无福消受的热闹。

曾经五毛钱一分钟的长途电话可以聊到"倾家荡产"，如今一千多分钟的免费通话却不知道该打给谁。

你分享到朋友圈的音乐，就像是递出去的耳机，可惜没什么人想听；你晒在社交软件上的生活，就像单身狗发出的求偶信号，可惜没什么人想接。

你的内心渴望被人理解，但你的行为经常被人误会；你非常在意自己的感受，却又过于注重他人的看法。

结果是，你置身于热闹的人潮之中，孤独得就像是被P上去的。

撕裂你的，一边是脑子里的清流，一边是现实中的逐流。

你讨厌弄虚作假，憎恶马屁精，不喜欢跟风、巴结、说大话，你的灵魂中始终奔腾着一股刚正不阿的清流。

但是，当你期待已久的机会出现时，你也想动用人脉，也想弯下腰向手握权力的人"致敬"，也想千方百计地用不那么光明的方式"把握"住机会。

结果是，你一眼就能识破别人的是非对错，却掂不清自己有几两仁义道德。

让你焦虑的，一边是慢不下来的生活节奏，一边是跟不上来的个人能力。

当年一起嬉闹的小伙伴如今分出了三六九等，你握紧拳头暗暗发誓，希望下次聚会时也能锦衣豪车，把某个钱多人烦的土鳖比下去。

可是后来听说了某某的"意外"或某天的"突然"，你开始唏嘘，"万贯家财也不过是黄土一抔""命里有时终须有，命里无时莫强求"。

结果是，你的灵魂被现实卡住了，生活却被调成了两倍速播放，于是你的内心和外表很矛盾，就像音画不同步。

让你踌躇的，一边是回不去的故乡，一边是到不了的远方。

你曾经仰望星空，思考自己在宇宙中的位置，如今却只会低头皱眉，担心自己如何在这个星球上活下去。

你想成为家人的避风港，却突然发现自己也是一条船。你不知道终将去往何方，但此时已经在路上了。

结果是，你是故乡眼里的骄子，却是这座城市的游子。

让你疲倦的，一边是压不下去的欲望，一边是提不起来的精神。

你一共没活多少年，却像是活够了的吸血鬼一样，每天无精打采，还讨厌晒太阳。

你的脸上没了表情，灵魂没了温度，只剩下一副空洞的躯壳和一个在任何场合都不犯法的表情。

结果是，你二十郎当的年纪却活出了七八十岁的孤寡。

让你不安的，一边是对现状的无可奈何，一边是对未来的不知所措。

你盼着有人能伸出援手，但清醒地知道谁都不行；你没有变得很懂事，但是变得很能忍。

你每个月的第一天都会祈祷，"×月，请对我好一点儿"，然后生活对你比了个"耶"，反手就是一巴掌。

结果是，你每天早上出门时想着干翻世界，每天晚上回家时已被世界修理得服服帖帖。

成年人的无奈是：难过归难过，想不通归想不通，但不影响你必须接受。

谁不是一边踉跄前行，一边重整旗鼓？谁不是上一句"妈的"，下一句"好的"？

谁的心里没有几个陨石坑？谁不是拿自由去换柴米油盐？谁不是用青春的嫩枝煮着五斗米粥？谁不是用变形金刚一样强势的外表守着豆腐渣工程一样的内心？

谁能真的掌控命运呢？无非是被生活推向一个一个的战场时，先学会了咬紧牙关，再学会了全力以赴，最后学会了虽败犹荣。

所以，不要贪心，也不要灰心，要努力发光，而不是等着被照亮。

不要怕无功而返，不要怕得不偿失，不要一遇到麻烦就蹲在地上哭。

你要知道，很多南墙其实不是为了拦住你，它只是要你证明一下：你到底有多想到达目的地。

不要失去敬畏，不要丢掉原则，不要昧着良心。

你要记住，别人再怎么"不是个东西"，也不该成为你"不是个东西"的理由。

不要以牺牲快乐为代价去维系一段不咸不淡的关系，不要以违背原则为代价去赢取可有可无的好感，不要把"不被要求的牺牲"看得很伟大。

你要明白，剧场的戏，什么都是假的，只有观众是真的；而人生的戏，什么都是真的，只有观众是假的。

你该怕的是被什么潮流或者言论裹挟，变得醉心于攀比、抱怨、愤懑或者踌躇，不去读书，不去思考，不再上进，不能发现身边的美好，只能任由时间流逝却一事无成。

你只需努力过好你认为对的生活，但尽量不要跟别人强调什么生活是对的。

你只需过好你觉得舒服的生活，但不要忙于告诉别人"我在干吗"。

你只需努力成为世界上最甜的那颗樱桃，但同时明白这个世界总有人不喜欢樱桃。

你要学会接受。

接受麻烦不断是生活的常态，接受绝大多数的热闹都与自己无关，接受很多东西任凭怎么哭闹都无法得到，接受这个世界不是为自己准备的，接受自己在很多人的生命中无足轻重，接受自己不可能轻轻松松就成为理想中的大人。

你要试着和解。

与不如己意的现状和解，与痛苦的过往和解，与与生俱来的完美主义和解，与三观不合的亲朋好友和解，与尚未熟悉的新角色和解，与突如其来的责任和解，与原生家庭的伤害和解，与麻烦不断的亲密关系和解，与贪婪的物质追求和诗意的精神追求之间的矛盾和解。

你要继续努力。

为了在这个有时不讲理的世界里更体面、更有底气地活着；为了当遇到喜欢的人时，除了一片真心，你还有可以拿得出手的东西；为了当好运降临在自己身上时，你会觉得"我配"，而不是眼看着好事落在别人身上，然后愤愤地说"我呸"。

成年人和这个世界默认的约法三章是：自己做决定，自己想办法，自己承担后果。

纪伯伦曾教我们七次鄙视自己的灵魂，而我则希望你能七次感谢自己的灵魂：

第一次感谢自己在机会均等时，没有轻言放弃；

第二次感谢自己身处困境中，没有轻易认输；

第三次感谢自己在面对权威时，没有轻易妥协；

第四次感谢自己在面对诱惑时，守住了底线；

第五次感谢自己在面对人情世故时，没有变得虚情假意；

第六次感谢自己在人云亦云的潮流面前，没有盲目跟风；

第七次感谢自己在屡屡面对生活的无聊或无奈时，依然积极且努力。

反正已经顺利地降落在人间了，那就用热爱占场，凭实力为王。

只有一次的人生，要拿出点儿干劲来啊！

愿你的脸上永远都看不出被生活为难的痕迹，愿你心里的海洋早日风平浪静。

愿你敢和生活顶撞，敢在逆境里撒野，愿理想主义的少年永远不会被现实招安。

愿你在鸡零狗碎的生活中找到专属于你的称心如意，愿你渐入佳境的人生配得上这一路的颠沛流离。

愿你那里福地洞天，愿你早日丧尽天晴。

老杨的猫头鹰

2021 年 6 月 6 日于沈阳

目录

Enjoy when you can, endure when you must.

Part I　成年人的世界没有容易二字

01 成年人的世界没有容易二字　　002
02 活成自己讨厌的样子，并不代表你活错了　　016
03 讨好所有人，就意味着彻底得罪了自己　　028
04 有笨蛋和你意见相左，并不意味着你就不是笨蛋　　040
05 你要习惯站在人生的路口却没有红绿灯的现实　　050

Part II　你也不过是一个刚刚过期的小朋友

01 人生是场体验，请你尽兴一点儿　　064
02 成年人的崩溃，最好是仅自己可见　　075
03 祝世界继续热闹，祝你还是你　　088
04 自命不凡不等于你很优秀，瞧不起并不会让你了不起　　098
05 如果活着不是为了快乐，那么长命百岁又有什么意思　　112

Part Ⅲ　小鹿乱撞是神明的拜访

01 既许一人以偏爱，愿尽余生之慷慨　　125
02 般配是爱情的成就，而不是前提　　136
03 不要想着要感动谁，有些人的心灵是没有窗户的　　149
04 世间所有的爱都是为了相聚，唯有父母的爱是指向分离　　157
05 如果仅仅只是喜欢，就不要夸张成爱　　170

Part Ⅳ　人和人之间还是见外一点儿比较好

01 散伙是人间常态，只有极个别是例外　　182
02 要及时止损，才不会被混账的生活得寸进尺　　193
03 未知全貌，不予置评　　205
04 谋生时别丢弃良知，谋爱时别放弃尊严　　214
05 我见诸君多有病，料诸君见我应如是　　224

Part Ⅴ　你是你梦想之路上唯一的高墙

01 每一个想努力的念头，都是未来的你在向现在的你求救　　236
02 欲望就像暴风雨，而自律就是指南针　　248
03 世人慌慌张张，不过图碎银几两　　262
04 不幸的人，一生都在治愈童年　　274
05 聪明的极致是靠谱，好看的极致是清白　　283

Part I
成年人的世界
没有容易二字

⊙成年人的世界：万般皆苦，唯有自度。⊙成年人的关系：始于心直，毁于口快。⊙成年人的愿望：睡个好觉，身体健康。⊙成年人的万能解决方案：不行就算了。⊙成年人的口头禅：我太难了。⊙成年人的日常：挺住。

01 成年人的世界
没有容易二字

1 /

有两组又好笑又好哭的对白：

"你是怎么把生活弄得一团糟的？"

"正常发挥。"

"那接下来打算怎么办？"

"熬着。"

"你的心里话一般都会跟谁说？"

"谁都不说。"

"那如果很难过呢？"

"忍着。"

越长大就越明白：万事不如意才是天经地义。

2 /

成年人的世界就是，一天没有出现坏消息，就是天大的好消息。而桔子小姐难就难在，几乎每天都会准时地出现坏消息。

在下班前的五分钟，她常常接到老板的通知，她特意强调，"老板每次都特别客气"。

如果是周一到周四，老板会说："方案明天早上九点之前给我就行，辛苦你啦。"

如果是周五，老板就会换一句："这个方案再改一改，周一早上给我就行，麻烦你了。"

大概是急火攻心，她前几天发高烧了，独自躺在不到十平方米的出租屋里，使出全身力气烧了一壶热水，再翻箱倒柜地找感冒药。吃完药之后就一而再再而三地量体温，盼着第二天早上可以元气满满地回到工作岗位上和客户"厮杀"，而这么励志的目的仅仅只是不因生病而被扣掉这个月的奖金。

让她崩溃的是今天下班之前，她又被老板请去喝茶了。

老板让她模仿某个国际大牌的营销文案，"要跟上最新的热点""要在各平台的转发点赞量都十万加""要成为朋友圈的爆款"……

她当时想，"嚯，提这么高的要求，肯定是公司的重点品，累点儿就累点儿吧"。

于是她问老板："这次的营销预算大约是多少？"

结果老板的眼睛都要瞪到眉毛上面去了:"这还要钱啊!"

气得她都想问老板的棺材是想要滑盖的,还是翻盖的。

可我安慰的话还没说出口,就听到她说:"没关系的,都能熬过去的,像以往无数次一样。"

成年人的无奈是:难过归难过,想不通归想不通,但不影响你必须接受。

从懵懂无知到见识到功利世界的厉害,从不知天高地厚到知道丛林法则的残酷,雄心壮志被现实打磨,生活的激情被鸡零狗碎淹没……会有无数杯冷水从头淋下,有无数个瞬间心灰意冷,有无数次绝望想要缴械投降。

你很崩溃,但不能随心所欲地当众表达,不能影响工作和生活,也不能牵扯到身边的人。

你很沮丧,但看起来很正常,会说笑,会打闹,会社交。

你是故乡眼里的骄子,却是这座城市的游子。你想成为家人的避风港,却突然发现自己也是一条船。

当另一半的声调从抱怨升级为指责时,你会用仅存的理智掐灭摔手机的冲动,然后从茶几上挑一个最便宜的塑料杯子,再狠狠地摔在地上。

因为你知道,只有它是摔不坏的。

当老爸因为偷偷喝酒而被紧急送去医院，而三岁的孩子当着你的面把奶油蛋糕扣在布艺沙发上，你会想着先把烂摊子收拾好了，再躲进卫生间里哭。

因为你知道，崩溃也需要"错峰出行"。

在外面受了天大的委屈，回到家还是得装出一副"我没事"的样子，实在憋不住了，就悄悄地跟阿猫阿狗或者星星月亮们讲。

因为你知道，它们不会担心你，也不会把你的痛苦当成茶余饭后的笑谈。

被烦人的老板折磨了两个多月，你会选择在看一部感人的电影时才哭出来；工作的压力大到让你寝食难安，你只是在球赛的现场才敢大声喊出来。

因为你知道，成年人的崩溃只能是静悄悄的。

谁都有无法释怀的愁苦，都有想撂挑子不干的冲动，但都会含着眼泪把晚饭好好吃完，都会心态崩了无数次然后劝自己要好好生活。

成年人的世界就是：深夜疗伤，清晨赶路。累，却没办法停歇；苦，却没资格逃避。

既然必须站在成年人的战场上，那就要做好"扛揍"的准备。

要沉下心，要耐着性子，要怀揣着渺小的心愿，要悄悄努力，以期逮住一两个机会，可以挥出一记漂亮的右勾拳，然后把局面一点一点地扳回来。

生活的麻烦没有尽头，成长也因此永无止境。所以乐观来说：如果你感到头疼，可能是在长脑子。

3 /

每次跟我发微信，范先生都是"报忧不报喜"。

他自称做着一份"含金量不高，但含砖量极高"的工作，他说他的生活就像是由一连串的灾难组成的。

他经常被客户"虐待"，还给我发过一副让人哭笑不得的对联。

上联是：一天晚上，两个甲方，三更半夜，四处催图，只好周五加班到周六早上，七点画好，八点传图，九点上床睡觉，十分痛苦。

下联是：十点才过九分，甲方八条微信、七个电话，六处调整，新增五张图纸，四小时交三个文本，两天周末只睡一小时。

最绝的是横批："用原来的。"

他说他承认自己"说话是有点儿不过脑子"，他也觉察到了自己在不知情的情况下得罪了很多人，但他不理解别人为什么这么脆弱。

他问我："这些人怎么就容不下这么点儿小毛病呢？"

我回复道："问题可能不在于你的这个毛病小，而在于你其他的优点不够大。"

他说公司里开了两小时的会议，只有最后那句"散会"是和他有关系的。

他说部门领导总是把吃力不讨好的任务扔给他,而肥水多的差事都给了那些整天溜须拍马的家伙。

他问我:"社会是不是就欺负我这种好说话的人?"

我回复道:"不,社会只欺负弱者。"

他说发完工资就要还房贷、车贷,辛苦一个月了,钱在手里还没焐热,就没了。

他说恨不得把"不要对我有期待"这句话贴在脑门上,但似乎每天都有人在给他加油鼓劲儿。

他问我:"为什么别人都活得那么容易,就我活得这么辛苦?"

我说:"没有谁活得很容易,只是有人在默默努力,有人在哭天抢地。"

没有谁有闲工夫专门跟你过不去,生活向来都是麻烦密布。

别人欺负你,不是故意跑去找你的碴,只是因为你太好欺负了,随手就欺负一下;

别人不把你当回事,不是别人的眼力有问题,只是对他而言,你毫无用处。

残酷的现实是,生活不会因为你弱就心慈手软,它只会因为你弱而再补一刀。生活打了你一巴掌,未必会给你一颗糖,它往往还会给你一拳、一脚,甚至一棍子。

没有什么否极泰来，也没有什么先苦后甜，糟糕和美好没有必然的联系。

如果在糟糕的日子里选择浑浑噩噩或者束手就擒，然后寄希望于"明天会更好"，那么你所谓的"好"，很有可能是"习惯就好"。

那么你呢？

每次都能在成功人士的引导下斗志昂扬，然后又在现实的细枝末节中萎靡不振。

成功人士的光辉事迹就像是在对你吆喝："我的成功可以复制。"于是你读了他所有的书，看了他所有的演讲，研究了他整个人生。

可笑的是，你确实复制成功了，可不知道该往哪里粘贴。

工作、情感、交际一旦出现了问题，你的首选都是"算了"，然后安慰自己说"这不是我喜欢的工作""他不是适合我的人""我们三观不合"……

最后连你自己都搞不清楚，自己是如何做到把事业和感情都耽误了的。

实际上，一个人的满意程度和辛苦程度大体上是匹配的。所以，挣钱多的就别嫌苦，上班能刷小视频的就别哭穷。

当你觉得自己处在人生的低谷期，一定要有清醒的认识：这绝不是人生的最低谷。两千多年前的先哲们早就提醒过我们：不必为片刻的生命片段泣不成声，我们整个人生都催人泪下。

4 /

那么你呢？

早上出门，你挤进了沙丁鱼罐头一样的地铁，车厢里充斥着狰狞、争吵和不耐烦。

男男女女为了多一点儿能侧身的空间暗暗地较着劲儿，他们的表情就像在说："莫挨老子。"

厚厚的粉底、精致的妆容、刚洗的头发，以及刷个不停的手机都无法掩饰他们的累与烦。

你曾发誓"绝不要成为这样的人"，可此时却身在其中，且动弹不得。

出了地铁，你钻进了专属于你的格子间，没有什么惊心动魄和疾风骤雨，但时间就像一把生锈的钝刀子，正"嘎吱嘎吱"地割着你的皮肉。

你猛灌咖啡，却依然没有灵感；你使劲地揪自己的头发，却依然说服不了自己妥协。看着被领导改得乱七八糟的烂方案，你恨不得把自己淹死在马桶里。

回到住处，你睡得很晚，没心思玩游戏，也没有心情闲谈，一边刷着自己的存款余额，一边惦记着爱而不得的人、前途未卜的命运、毫无头绪的工作、日渐老去的父母……

你觉得自己一点儿都没做好长大的准备，而那些责任、压力就像是有人从背后硬塞给自己的一样。

你很沮丧，已经过去的无法挽回，正在发生的无法安心，将要发生的无法预知。

你很为难，事关利益的问题，如果不拼命争取，你就得不到，可一旦太用力，又显得不可爱了。

长大的感觉就像是，你被现实扇了一巴掌，然后，它既不说话，也不道歉。

生活就像一位敬业的园艺师，一边在你的身上施肥，一边又在你的头上除草。

它出的题就像是一次次漂亮的扣杀，你知道自己接不住那个球，可不接又有那么多人看着。于是，你豁出去接了一把，结果球直接砸在你的脸上。

它玩的游戏就像是斗牛比赛，你很小心、很努力才能逮着机会骑在牛背上，但牛会拼命地把你甩下来，你只能用力握紧缰绳，夹紧牛背，没有更好的选择。

诚如亦舒在《叹息桥》里写的那样："做不到是你自己的事，午夜梦回，你爱怎么回味就怎么回味，但人前人后，我要你装出什么都没有发生过的样子。你可以的，我们都可以，人都是这么活下来的。"

肚子里不能只有怀才不遇的委屈和独在异乡的心酸，还可以加些麻辣小龙虾或者牛肉粒比萨。

5 /

有个女演员,三十岁之前演的都是女一号,三十岁之后演的都是配角,但她的人气不降反升。

当主角的时候,她说自己不用考虑太多,反正镜头都得对着她拍。但演配角的时候,她就反复地斟酌台词、表情、动作,结果当配角得到的关注比当主角的时候还要多。

她说:"在这个流量为王的时代,不管是否觉得无奈,我都要去适应它,而不是控诉它。"

有个非常厉害的日本作家,经常引用他妈妈的一段话来勉励世人:"当你遇到困难的时候,一心想逃跑,就真的会输得很惨。相反,你要是敢对困难说'有种你就放马过来',受到的伤害反而会很少。打架也好,生病也好,生活也好,畏畏缩缩就输定了。"

遇到问题的时候,我们难免都会有"谁来救救我"的想法,但大概率是不会有人来救你的。

你只有不遗余力地提升自己的见识,打磨自己的核心竞争力,向你膜拜的人学习,朝着比你优秀的人靠齐,你才会有足够的底气去直面生活的江湖,才会有足够的能力去应对颠簸的余生。

你只能自己去找好吃的,去买喜欢的东西,去泡个热水澡,去好好睡一觉……

等你攒够了精神,心里面那个积极的自己就会主动跳出来对你说:"有什么过不去的坎呢?况且你的腿还那么长!"

很多南墙其实不是为了拦住你,它只是要你证明一下:你到底有多想到达目的地!

实际上,每个人的生活都是一道超纲的考题。你歇斯底里也好,自欺欺人也罢,所有的失恋、失业、失势、失态都得自己兜着。

一旦你把"一帆风顺"视为生而为人的权利,那么各种失望就会接踵而来。

所以,你要做你这个年纪该做的事,比如,好好学习,努力工作,爱惜身体,拓宽视野,保持乐观。

与此同时,还要做你这个年纪很难做到的事,比如,沉得住气,低得下头,经得起诱惑,耐得住寂寞,受得了起伏。

生活的强者,不是指能搞定一切困难,也不是指没有恐惧,而是就算心里藏着无尽的疲惫和委屈,还是会认真地做好手头上的事情;就算自己被生活锤得心灰意冷,还是会尽心尽力地负起责任;就算发现现实与理想的差距有十万里,虽然鞭长莫及,却依然马不停蹄。

成年人和这个世界默认的约法三章是:自己做决定,自己想办法,自己承担后果。

6 /

有一阵子,一个名为《凌晨三点不回家》的短视频刷爆了朋友圈。

一个女生独自在昏暗的办公室加班,老板打来电话强调了这个项目的重要性。

于是,她熬夜赶工,一开始是信心满满的,但电脑突然死机了,重启之后,所有的内容都没了,她崩溃地写下了辞职信。

但是,一想到卧病在床的父亲,她删掉了辞职信,然后从头开始。

一个准备下班的护士接到了丈夫的电话,说孩子高烧不退,让她赶紧回家,而此时又来了手术。

护士擦了擦眼泪,只对丈夫说了一句"马上物理降温",然后就钻进了手术室里。

一个经纪人在客户和艺人之间斡旋,因为进度、场地和效果,她不得不向两边道歉,向两边赔笑脸,忙得连水都顾不上喝,抽空扫了一眼手机,却看到了男朋友的分手警告。

而此时,客户又不耐烦了,艺人也闹情绪了,她直接关掉了手机,然后挤出灿烂的笑容继续讨好所有人。

成年人的世界没有容易二字。

谁不是今天在慌张里谋生活,明天在辛劳中挨日子?

谁不是一边踉跄前行,一边重整旗鼓?

谁不是上一句"妈的",下一句"好的"?

谁不是一边为命运生气，一边化愤怒为力量地活着？

如果遇到一点儿事情就绝望，那未来那么远你怎么扛？

所以，不要贪心，也不要灰心，要努力发光，而不是等着被照亮。

日子有时候就像一艘沉船，我们不仅要自己去找救生艇，还要学会在救生艇上歌唱。

比如，在街角的摊前吃了一碗热腾腾的面条，发现还是熟悉的味道；

耳机里突然播了你特别喜欢的歌，你忍不住跟着哼了起来；

逛商场的时候看见零食正在打折，而且是你喜欢的那个口味；

过天桥的时候抬头看见了一抹漂亮的彩霞，而你站立的位置恰好能拍到全貌；

熬了几小时做出了特别满意的方案，疲惫的脸上会露出得意的笑容；

在健身房里挥汗如雨，看着自己一点一点地瘦下去了，备感轻松；

回到家一开门，看见家人做好了晚饭正在等自己；

孩子数学得了满分，老爸新学的小提琴拉得有模有样……

这些细小的快乐和感动，足以击退生活的围追堵截，将无尽奔波的日子变成热气腾腾的生活，让你稍做休整然后有勇气再赴战场。

尽管现实有很多无奈，但不可否认的是，这是历史上最好的时代，只要你能踏实地练就一个足以谋生的技能，你大概率就可以按自己喜欢的方式过一生。

尽管成年人的世界并不容易,但不可推卸的责任是,你必须单枪匹马往前走,为了让在乎的人过得更好,为了让梦想掷地有声,也为了让自己身心安顿。

每一条你艰难地走过来的路都有不得不那样跋涉的理由,每一条你将要走下去的路也都有不得不那样选择的原因。你身在其中时会觉得苦不堪言,但熬过去之后就会觉得人间值得。

肯定会有不喜欢你的人,问心无愧的话,就加倍地不喜欢他吧。

肯定会有解决不了的麻烦,竭尽全力却依然于事无补的话,就逃吧。

肯定会有浪费时间的交际,避免不了的话,就微笑吧。

肯定会有白费心思的努力,时间到了,就撒手吧。

肯定会有想不通的问题,天太晚了,就睡吧。

肯定会有无法解释的误会,说不明白的话,就大步往前走吧。

哪怕前面泥沙俱下,我希望你是那个在泥泞中玩得最开心的人。

愿你那里福地洞天,愿你早日丧尽天晴。

02 活成自己讨厌的样子，
  并不代表你活错了

1 /

一个十八岁的乖巧少年说，前几天跟小混混发生了冲突，被三四个人摁在墙上扇耳光，但自己不敢还手，连骂都不敢。

他觉得自己太怂了，他说十八岁的蜘蛛侠已经开始拯救世界了，而他却在那里被人扇耳光。

一个大三的学霸说，本以为上了大学会好过一点儿，但家里穷得叮当响，所以自己每个假期都在拼命兼职，可即便如此，她依然活得小心翼翼。

她说买一件过季的呢子大衣就觉得是在向父母索命，吃一碗牛肉面就觉得对不起十八代祖宗。

一个二十五岁的职场小白说，小学读到闰土的故事，以为自己是鲁迅，可以洞察一切；后来觉得自己是闰土，越活越没有人样了；等大学毕业了，觉得自己可能是个猹，靠耍点儿小聪明苟且偷生。

而如今，在职场里混了几年，又觉得自己连猹都算不上，顶多就是个瓜，不是被人卖了，就是拿去喂猪。

一个心直口快的部门主管说，她其实一点儿都不善良，她希望讨厌的人统统消失，希望骂她的人嘴巴烂掉……

她说她从来没有真正原谅过谁，说原谅也只是为了让自己看起来大方一点儿；她说她只是一个内心阴暗，还有点儿卑劣的普通人，却要在讨厌的人面前装出一副人畜无害的乖巧模样。

她说她讨厌自己这副鬼样子。

一个整天忙里忙外的宝妈说，那个三天就能读完五十万字的言情小说，并厘清所有人物关系和爱恨情仇纠葛的脑子已经不是现在的脑子了。

她说她现在的脑子是，密码忘记了，错了三次之后重新设置密码，结果系统提示："新设置的密码不能和旧密码一致。"

一个三十多岁的大龄剩女说，她以前总以为，二十啷当岁就会在大学里当文艺青年，大学毕业了就可以遇到情投意合的另一半，三十岁之前就能在职场中混得风生水起……

她以为快乐的生活、稳定的工作、美好的爱情，都是成长的标配，是理所应当、自然而然的，现在却慢慢意识到，其实一件比一件难。

一个小有所成的中年男人说，小时候特别喜欢踢足球，因为没钱买装备，所以没让上场；现在有钱了，却要忙着养家糊口。

他说当大人可真是没意思,眼看着电视里曾经喜欢的球星一个个退役,而自己却至今还没捞着上场的机会。

少不更事的时候,每个人都可以又叛逆,又偏执,又天真,又专注,敢爱敢恨,有血有肉,外表不可一世,内心阳光明媚。

后来,当你与生活撞了个满怀,长大和快乐变成了天敌。痛哭流涕却无力回天,不想长大却又无法避免,你真切地感受到了自身的渺小、浅薄、无知以及无奈。

于是,一路单枪匹马却举步维艰的你,开始怀念那个一无所有却能放声大笑的你。

你开始嘲笑自己:"小时候真傻,居然盼着长大。"

可问题是,谁不是拿自由的灵魂去换柴米油盐?
谁不是把青春的嫩枝烧了,去煮五斗米粥?
谁的心里没有几个陨石坑?
谁不是用变形金刚一样强势的外表去保护豆腐渣工程一样的内心?
这虽然不是你想要的生活,却是你必须直面的生活。

成长就是接受,接受麻烦不断是生活的常态,接受绝大多数的热闹都与自己无关,接受很多东西任凭自己怎么哭闹都无法得到,接受很多的渴望都没机会满足,接受这个世界不是为自己准备的,接受自己在很多人的生命中无足轻重,接受自己不可能轻轻松松就成为理想中的大人。

2 /

大年三十的晚上，收到了一封很长的私信。

他说他是两个孩子的爸爸，每天都好累，从公司拖着一身的疲惫回到家，却更愿意在门外待一会儿。如果妻子厉声问起，就说路上堵车严重。

他说他没做什么亏心事，就是觉得活着挺没意思。他说他曾经以为自己会是一个有担当、有爱心的慈父，现在却变成了每天下班只想睡觉的"饭桶"。

面对两个精力无限、各种花式作的孩子，他无力亲自调教，也不敢迁怒于他人。

他说他所有的收入都交给了妻子，全身的零花钱加一起都不到一百块，可妻子显然并不满意，不是抱怨房子太小了，就是说谁谁又买了学区房。之前他还会反驳、会愤怒，现在只剩下失落。

他说他曾经是个一闻到烟味就捂鼻子走开的男孩子，现在却能一根接着一根地往肚子里吸。

他说："活得像我这样不开心，正常吗？"

我说："如果你经常觉得不开心，那么恭喜你进入了成年人的标准状态。"

他问："就没有别的办法吗？"

我说："先认命了再说。"

我说的"认命"，不是向生活缴械投降，而是认清自己当下能做什么、该做什么，然后提醒自己耐住性子面对眼前的兵荒马乱。

工作很累总不能不做，爱情很烦总不能不管，家里很闹总不能不回。人生这道题，不管你怎么选，不管在几岁选，都会觉得很麻烦。

就好比说，幼儿园小班的小朋友早上还会哭咩咩地喊："我不想上学。"

就好比说，你登录了某个视频网站，不充 VIP，你得看广告；充了 VIP，你得看 VIP 专属广告。

不要因为一时的不如意就对人生失去了耐心，你又不会只有这一时的不如意。就像是，不能因为数学不及格就轻易对学习失去信心，你又不止这一门功课不厉害。

你只有硬着头皮，从闹哄哄、黑压压、皱巴巴的生活风暴中穿过去，才有可能找到暖乎乎、笑盈盈的平静。因为生活在带给你麻烦和乏味的同时，也会给你见识、经验、亲情，以及了解世界的机会和重新认识自己的契机。

成年人的世界已经没有温室了，活到如今这个岁数，谁都会被生活扒掉几层皮。

那么，一个人那么努力地上学，刷那么多的题，吃那么多的苦，也不过是从一所平凡的学校里拿到一张平凡的毕业证书，在一家平凡的公司做一份平凡的工作，然后嫁或者娶一个平凡的人，生养一个平凡的孩子……

既然注定了会活成自己讨厌的这个鬼样子，那为什么还要折腾呢？

那是因为不甘心这辈子就这样了，因为要给在乎的人更好的生活和更多的安全感，因为担心现有的一切会被命运无情地收走。

因为曾被寄予厚望，所以不想有愧于人；因为如今身兼重任，所以不愿有求于人。

而通过自己的努力折腾，同样的人生，它会有不一样的滋味；同样的工作，你们会有不一样的追求；同样的家庭，它会有不一样的情调；同样的后代，他们会有不一样的教养。

早晚有一天，你不可避免地会变成唠叨的父母，察言观色的下属，不讲情面的上司，沉默的看客，焦虑的成年人……

但不同的是，你会俯身去听孩子的心里话，而不是像父辈那样怒吼"你就知道哭"；

你会在原则问题上再坚持一下，而不是像前辈那样唯唯诺诺地说"全听您的吩咐"；

你会尊重别人的意见，而不是单方面强调"我是为你好"；

你会静候真相，让谣言到你这里停止，而不是言之凿凿地说"肯定是这样"；

你会试着静下心来解决问题，而不是一遇到麻烦就皱着眉毛喊"真是烦死了"。

成长是一场无师自通的修炼，每个人都必须从喧闹的人际关系里

学会孤独，从在乎的人与事上学会担当，从麻烦的生活中学会平静。

3 /

早年大闹天宫、谁都不服的齐天大圣，后来也变成了慈眉善目的斗战胜佛。

幼时大闹龙宫，抽龙筋、扒龙皮的哪吒，后来也要去花果山捉拿那自由自在的猴子。

少不更事的时候，你不知人间疾苦，更多的是无知无畏和无忧无惧。

后来，你和生活逐一过招，劈头盖脸的都是游戏规则、生存逻辑和世俗秩序。

你发现人生它不像电影，更像是电影散场后撒了一地的爆米花。

你发现不是每个人都会自然而然地变成理想中的大人，反倒是每件事都想把你堆砌成你讨厌的大人。

你发现最痛苦的不是自己做错了什么，而是明明每一步都做对了，却还是得不到想要的结果。

于是，很多人就认为自己活成了自己讨厌的样子，觉得自己正在被生活埋葬。

但是，当你经历得再多一点儿，你就会发现，所有的经历都是肥料而已。

比如，感情里多了一些望穿秋水之后，你自然就知道适时撒手了；生活中有几次忘穿秋裤之后，你自然就晓得关注天气了。

所以，还想奋不顾身的，那就继续奋不顾身，等你花光了"奋不顾身"，自然就会"三思而行"。

不要贬低成长的意义，随着经历的增长、见识的拓宽和责任的加重，你的某些能力确实会消失，比如，无人捧场的幽默，吃过暗亏的仗义，不被欣赏的信心，得不到回应的爱……

但与此同时，你还会长出新的本事，比如，无人捧场时学会了自娱自乐，吃过暗亏后学会了小心谨慎，不被欣赏时学会了一笑置之，得不到回应时学会了及时止损。

于是，你以前很看不起的事情，现在也会不知不觉就做了；你以前深信不疑的道理，现在也觉得不值一提了；你以前爱不释手的东西，现在也不屑一顾了；你以前深恶痛绝的行为，现在也能释怀了。

于是，曾经温柔得体的女生慢慢变成了严厉的母亲，曾经喝可乐的男孩泡起了枸杞；曾经以为只有游戏、熬夜、刷剧才叫快乐的男男女女开始将努力赚钱、陪伴家人、照顾自己当成了责任……

成长就是无数次直面现实的残酷，三观崩溃然后重建，信仰受挫然后坚定。

你需要面对生活的得失与起伏，从焦虑到平静，从不甘到接受，从易燃易爆到和颜悦色，从灰心丧气到心平气和，直到学会把鸡毛蒜皮过成风和日丽。

这预示着，你的人生迈向了新的阶段，你的肩膀能扛起更重的责任，你的审美达到了新的高度，你日益增长的见识和日趋平和的心态，给了你明察秋毫的眼光和游刃有余的生活。

换言之，活成自己讨厌的样子，并不代表你活错了，它仅仅意味着，曾经的你还没有被生活盘过。

4 /

人都是会变的，就像是被生活把玩久了，榆木桌子也能包出浆来。

以前宁缺毋滥的 A 在几次失望的恋情之后选择了相亲，另一半明显不是他的理想型，但他们的日子貌似过得也还行。

以前常年穿衬衫和牛仔裤的 B 习惯了西装革履的穿着，有人笑话他"人模狗样"，他觉得那是个褒义词。

以前喜欢撑天撑地撑空气的 C 现在也知道替别人着想了，他意识到倾听是件好事，并且再也没有打断过别人说话。

以前跟陌生人说话就脸红的 D 现在可以跟人侃大山了，他知道如何跟不熟的人搞好关系，也知道如何从没意思的饭局上全身而退。

以前一点儿小事就炸毛的 E 现在也可以随便开玩笑了，他的圆滑、克制和习惯性的微笑让人眼前一亮。

以前不食人间烟火的 F 看到大妈在菜市场为了五毛钱吵得不可开交时会觉得可笑，如今需要自己亲自为柴米油盐酱醋茶买单时也会偷偷偷地做笔记，以便学习那些大妈如何临场发挥出砍价的盖世神功。

以前四体不勤、五谷不分的G变成了勤快的家庭主妇，她知道如何挑选最甜的西瓜，如何分辨扇贝新不新鲜，并且能够在半小时搞出六个硬菜来。

长大这件事情，既是剥夺，也是馈赠。它就像一笔一笔的交易——是拿你有的，换你想的。

比如，用朴素的童真和未经人事的洁白去换取人际关系的圆融与和谐，用不顾一切的勇气去换成年人世界的从容与平静。

所以，以前任性到连工资都可以不要，如今想休息一天都要考虑后果；以前看谁不爽就大吵一架，现在心里都炸出蘑菇云了还要面露微笑……

而这意味着，你终于活成了一个有责任感、有教养、有追求的成年人，而不是一副没有温度的皮囊、一团混乱不堪的情绪、一堆难以把控的欲望。

年轻时是知耻而后勇，长大之后是知耻而后怂。所以，年轻时想要什么都不为过，长大后放弃什么也都能理解。

5 /

有一阵子，到处都能听见那句"我还是从前那个少年，没有一丝丝改变……"。

我想很多人可能理解错了，人家想表达的是，心里头光明的信念没有改变，敢爱敢恨的态度没有改变，对明天一往无前的决心没有改变，对世间不计得失的热爱没有改变，是不曾落俗的少年感和不曾妥协的少女心，是童心未泯，而不是一成不变地瘫在烂泥塘里。

长大是什么感觉呢？

就是我们少年时爱过的球星、艺术家、明星都会慢慢退场或者先我们而去，我们只能眼睁睁地看着我们的黄金时代烟消云散，然后接受我们变老的事实。

就是自己也没觉得日子多苦，只是有人突然问你最近有什么开心的事，你想了半天也答不上来。

就是眼看着人生的进度条所剩无几，人生的剧情却没什么发展。

就是既没有活成自己喜欢的模样，也没有得到自己想要的东西，同时还失去了绝大多数的快乐。

另外的事实是：长大虽然有长大的难处，但也有长大的好处！

以前心直口快、有仇必报，慢慢变成了喜藏于色、厌藏于心的样子；

以前喜欢炫耀和热闹，慢慢变成了不期待周围人的回应，不在乎其他人的褒贬；

以前会觉得不顾生死地去爱一个人是超级浪漫的事情，还把伤口当勋章，现在知道爱自己多一点儿，就算再爱一个人，也知道小心去避免可能出现的伤害。

就算很多事情无法顺着自己的意思，甚至是背道而驰，也能够坦然面对，然后冷静地去想下一步该怎么走；

就算很多人无法理解自己的选择，甚至是诋毁，也能很坦然，然后笃定地朝着既定目标推进；

就是好的和坏的都不会大肆渲染了，得意的和失望的也都不再卖力吆喝，而是学会了用平静的方式面对不安的人生。

这意味着你学会了"和解"，与失恋的痛苦记忆和解，与与生俱来的完美主义和解，与三观不合的亲朋好友和解，与不擅长的新角色和解，与突如其来的责任和解，与原生家庭的伤害和解，与麻烦不断的亲密关系和解，与理性的崩溃和解，与贪婪的物质追求和诗意的精神追求之间的矛盾和解。

每一次和解都是一次巨大的挑战，但每次走出来，迎接你的都是一个崭新的世界。

慢慢你就会明白，每次生活递到我们手上的麻烦，都是一封来自成熟的邀请函，可惜大多数时候，我们把它当成了账单。

愿你在鸡零狗碎的生活中找到专属于你的称心如意，也愿你渐入佳境的人生配得上这一路的颠沛流离。

03 讨好所有人，
   就意味着彻底得罪了自己

1 /

每次和张薇薇说话，就觉得她像一个做错了事的丫鬟，正手足无措地站在人群中示众。

她的敏感是奥运冠军级的，不管多小的事情对她来说就像是十二床被褥下的那颗豌豆，能在她的身上和心上硌出印子来。

我看她坐得很拘谨，就指了指她面前的咖啡，她抿了一小口，但还是从嘴角漏了几滴，然后手忙脚乱地抽纸巾，又不小心碰掉了放在桌子一角的手机。

她说了好几遍"不好意思"，之后总算是恢复了现场。

她抿了一下嘴唇，终于开口了："我经常觉得被身边的人冒犯到，我不知道这是什么毛病。"

比如，中午不想出门，但如果有人让她陪着一起去吃午饭，她肯定会答应，内心却很不情愿去。

比如，有人让她帮忙带午饭，如果加一句"你快去快回，我要饿死了"，她就会吃得很着急，然后一边在心里抱怨别人太过分了，一边又火急火燎地给人带回去。

比如，她正在为这个月的房租发愁，却没有勇气拒绝别人的借钱请求。

比如，吃一点儿辣的就会上火的她，却在点菜时一个劲儿地说："你们随便点，我什么都吃。"

她问我："我是不是有问题啊？"

我说："如果你的所作所为全都取决于别人的看法，那我觉得你很有问题。"

她又问："那我该怎么办呢？"

我说："闭上眼睛，问问自己：'我想要的是什么？'不是邻居想要什么，不是朋友和同事想要什么，不是长辈想让你要什么，而是'我想要什么'。"

事实上，世界上就是有人不喜欢香菜，不喜欢生姜，不喜欢韭菜，不喜欢胡萝卜……所以，有人不喜欢你，这很正常。

对讨厌香菜的人来说，再优秀的香菜和再差劲的香菜是一样讨厌的。

一旦你丢掉了"希望人人都喜欢我""希望人人都理解我"这类想法，你的人生就会轻松一大截。

怕就怕，你一辈子都在为了某个无关紧要的人奉献，为某件无足轻重的事纠结，为某个可有可无的身份牺牲，以此来取悦他人，然后一辈子都戴着面具做人、夹着尾巴生活，一辈子都学不会真诚，还误以为这是和世界和解的方式。

但实际上，你只是与他人、与世界签了一系列"丧权辱国"的不平等条约。

人越在乎别人的看法，就越会忽略自己的感受；越忽略自己的感受，就越像木偶一样拼命活给别人看。

我想提醒你的是，你不想去做的事，大多数都是你可以不做的事；
你特别在意的地方，别人很可能连看都没看到；
你觉得很严重的事情，别人可能觉得"也就那么回事"；
你觉得"好丢人"的事情，别人可能会认为"那很正常啊"。

所以，放轻松一点儿，别人远比你以为的还要不在意你。

那么你呢？
什么麻烦事，一找你就答应下来；
什么好东西，一要你就马上给；
什么错误，一道歉你都原谅；
什么伤害，一到你身上就全然接受。
你显然是低估了人性的卑劣。因为人一旦习惯了拥有，就会忘记感恩；一旦习惯了某个人的大度，就会不再收敛。

别人夸你一句"酒量好",你便不顾身体把自己喝得六亲不认;

别人夸你一句"好有钱",你就省吃俭用也要对他人慷慨解囊;

别人夸你一句"口才好",你就不分场合地滔滔不绝。

你显然是误会了"好人"的含义,它仅仅意味着:你很方便和你很便宜。

我的建议是,不要以牺牲快乐为代价去维系一段不咸不淡的关系,不要以违背原则为代价去赢得可有可无的好感,不要总是强调"为了你"或者"因为你",也不要把不被要求的牺牲看得那么伟大。

切记,剧场的戏,什么都是假的,只有观众是真的;人生的戏,什么都是真的,只有观众是假的。

2 /

有人活得小心翼翼却依然不受待见,有人看似目中无人却活得有滋有味。我要说的是瞿姑娘。

经常有好管闲事的人问瞿姑娘:"你为什么还不结婚,是因为恐婚吗?"她的回答会很尖锐,就像在交响乐团里突然吹响的唢呐。

如果是年纪相当的人,她就反问:"你为什么没上清华,是因为不喜欢吗?"

如果是倚老卖老的人,她就反问:"你为什么没住别墅,是因为不好收拾吗？"

瞿姑娘的签名档常年都是一句话："你要是对我有意见，你就给我打电话，如果你连我的电话号码都没有，那你就不配对我有意见。"

我曾问过她："你是故意让大家讨厌你的吗？"
她笑呵呵地说："真不是故意让别人讨厌，我只是不在乎某些人是不是喜欢我。"

她说她不想再讨好谁了，因为她无须从别人的称赞中得到力量，也不用在别人身上寻找安全感。
她化妆是因为今天想好看一点儿，而不是为了去赴某个人的约；她笑是因为她在享受某个喜悦的时刻，而不是为了表演给谁看；她哭是因为她在宣泄情绪，而不是为了被谁同情。

关于爱情，她说："要像他明天就会出现那样期待着，也像他永远都不会出现那样生活着。如果他来了，他一定会很高兴看到如此快乐的我；如果他没出现，我会很高兴看到自己还能如此热情地生活着。"
关于人际，她说："我没有义务去成全所有人对我的期待。我不是故意长成某些人满意或者讨厌的样子的，所以我无须对他们的喜欢或者讨厌负责。"
关于自己，她说："我今年二十六岁，没出过国，不会开车，买东西用的还是十几块钱的布袋子，但柴米油盐都是靠我自己，没欠过谁的钱，也没亏待过自己，我觉得这样的我挺'哇'的。"

很"哇"的活法大概是：对待自己，彬彬有礼；对待别人，远近随缘。至于他人的好感，有就当作锦上添花，无则独自风情万种。

别人有权选择安稳或者平淡的生活，你也有权不选。

你不会一受委屈就想："哎哟，工作太苦了，我找个有钱人嫁了算了。"

你不会一听到长辈催婚就慌："唉，年纪不小了，爱不爱不重要了，条件适合就结婚吧。"

因为你知道，自己只有一个一生，所以不会因为旁人的几句玩笑、几次不负责任的恐吓就选择狼狈入场。

因为你知道，暂时没结婚而被指责"不孝"，总好过结了婚的"不笑"。

所以你有勇气吹响口哨，掏出红牌，将那些无端否定你、时常贬低你、喜欢消耗你、肆意误导你的人罚出场外。

人不可能全然不顾外人的看法，但也不必沦落到活给别人看。

你不能通过别人的味觉找到适合自己口味的菜肴，就像你不能通过看别人举重就长出肌肉来。

我的建议是，不要把自己置身于复杂而又自虐的关系中，要用力地跳出来。

因为有的人就是很坏，有的规则就是很蠢，有的要求就是有病，你改变不了的时候，就要趁早离这些东西远一点儿。

放弃老好人的人设，放弃一定要赢的争辩，少熬夜，少期待，少深究，少胡思乱想，以及原谅那个做不到前面几点的自己。

人呐，还是得靠自己打磨自己，努力练出耐用的皮囊、够用的本事、爱用的兴趣，以及强大到浑蛋的内心。

希望你决定结婚的理由，是你把一个人的日子过明白了，知道自己需要的不是一个饭友、驴友或者一张结婚证书，而是一个相处舒服的恋人。

希望你决定要孩子，是因为你真心想要一个孩子，因为你发自内心地觉得这人间值得，想要介绍一个小朋友也来看看，并且不计回报，不求感激，还愿意搭上时间和精力，包吃包住包穿用，而不是因为迫不得已。

希望你对自己、对人生、对家人的一切计划和安排都是出自"我好喜欢"和"我很乐意"，而不是"别人都那样"。

3 /

罗永浩转行当带货主播之后，有个粉丝问他："老罗，你会对现在的自己失望吗？在我的心里，老罗不应该是一个主播啊！"

老罗的回答非常精彩："失望？怎么会呢，我在想各种办法赚钱还债，做主播赚的又不是脏钱。我对自己很佩服，不想还好，一想就肃然起敬，想求签名那种……"

之后，老罗又一本正经了起来："对我失望，我也能理解。我这一路走过来，都是按自己的兴趣、责任、需求来选择行业，从来不会在这些选择上考虑粉丝的感受，要不然怎么能一红红十七年呢？有些人认为网红主播没有手机公司老板厉害，手机公司老板没有愤青知识分子厉害，这些都是他们的主观感受，跟我没有关系，也无关是非。"

取悦自己的好处是：就算你最终没有成为更好的自己，但你可以更好地成为你自己。

忙着取悦自己的人往往活得很清醒，他绝不会把自己生活的评判标准交到别人手上，所以他不会有闲工夫去探究他人是如何看待自己的，也不在乎别人几句轻飘飘的点评和建议，更懒得去扭转他人对自己的糟糕印象，因为他知道：活着是为了做自己，而不是解释自己。

就好比说，地球是圆的，在人类相信地球是平的的时代，地球也是圆的，地球才不管你信不信它呢！

对这样的人来说，单单是能让自己满意、让最在乎的那几个人理解，就足够让他在午夜梦回时笑出声来了。至于其他人的不解、不屑、不赞同，随大家的便。

反正解不解释，他最后还是会继续做他想做的事情；别人理不理解，他照样会活成他喜欢的模样。

那么你呢？是不是经常被这些问题所困扰：

"不帮她的话，她会对我有意见吧？"

"三十岁不结婚,别人会觉得我是个怪胎吧?"

"长成这样,他们一定很嫌弃我吧?"

"不参加这个聚会,他们会说我吧?"

我想提醒你的是,这个世界是不可能被讨好的。

如果你停止了尖锐的批评,那么你温和的批评就会变得刺耳;

如果你停止了温和的批评,那么你的沉默就显得居心叵测;

如果你的沉默被恭维取代了,那么你恭维得不够卖力就是心口不一。

做事不需要人人都理解,做人不需要人人都喜欢。与其去过别人嘴里的"二手的生活",不如去做真实的自己。

所谓"二手的生活",就是轻易听信别人的建议,被世俗的禁忌蒙蔽了视野,将某个人、某个小团队的见识当成了真理,最后过上了约定俗成的生活。

所谓"做真实的自己",就是不再恐惧别人的评价,知道自己的优点和缺点是什么。当别人批判得当时,你会点头称是;当别人批判不实时,你只会一笑置之。

如此一来,别人输就输在不像自己:思想是别人的意见,生活是别人的模仿,情感是别人的引述。

而你胜就胜在不像别人:做的是自己得意的事情,过的是自己得意的生活,爱的是自己得意的人类。

4 /

《超级演说家》里，刘媛媛的一段话曾让无数人深思："从小到大，我们都在听着别人的声音给自己的人生画格子，左边的这条线是'要学业有成'，右边的这条线是'要有一份安稳的工作'，上面这条线是'三十岁之前要结婚'，下面这条线就是'结了婚就一定得生个孩子'，好像只有在这个格子里面才是安全的，才被别人认为是幸福的。一旦你想跳出这个格子，就会有人说你作。"

于是，很多人老老实实蹲在格子里，过着千篇一律的人生，选了那条无数人走过的路，看起来既稳妥又顺利。

结果是，嘴里喊着要做自己喜欢的自己，现实生活中却卖力演着别人喜欢的自己。

人真的很奇怪：每个人爱自己的程度都超过了爱其他人，但重视其他人对自己的意见的程度又远超自己对自己的意见。

明明就不是合群的人，可一旦走进了人群中，你的自我就会顷刻间瓦解，然后卑微且卖力地变成别人期待的样子。

明明就只是一次简单的对话，你却揪着字眼去猜对方的别有用心，所以对方回复的句子"带句号"和"不带句号"是不一样的，回复"嗯"和"嗯嗯"也是不一样的。

明明只是一句简单的玩笑，你却纠结于其中的某个贬义词，然后收起好不容易攒起来的自信，退回到自己的保护壳里。

明明知道那是一个不喜欢自己的人，却为了改变他对自己的印象而拼命表现自己，又因为他的某句话、某个表情而失落、而难过，然后卑微地哀怨着："我就知道我是个垃圾。"

类似的还有，明明只是去看了部电影，发表看法却必须经过豆瓣的指点；

明明只是一个没那么熟的朋友，无话可聊时居然那么忐忑不安；

明明是个非常不想去的聚会，但如果没有人邀请你，你就会抓狂……

生活有两大误区，一是活给别人看，二是看别人活。

而快乐却有两大秘籍，一是不把讨厌自己的人当人，二是不想知道别人的闲事。

所以，如果你骨子里是个冷漠的人，我建议你早一点儿学会独处，而不是逼着自己热情；

如果你骨子里是个自私的人，我建议你多学一点儿真本事，而不是逼着自己大方；

如果你骨子里是个自卑的人，我建议你多掌握一个兴趣爱好，而不是逼自己变得受欢迎。

你要学会接受别人和自己的不一样，同时也要保护好自己和别人的不一样。

只有当你发自内心地喜欢自己，你才能拥有真正的快乐。而喜欢自己的大前提是，同时拥有"能做自己的本事"和"敢被讨厌的勇气"。

这世界有那么多的条条框框，其实就是为了告诉我们不用格格都入。

不必担心别人怎么看自己，也不必老是忙着告诉别人"我在干吗"。一旦你给自己预设了观众，就会在瞬间失去自我。

最好的心态是，不与天斗，不和人争，比这些更重要的是，不和自己闹别扭。

一个善意的提醒：不管你有没有接受那个"我是为了你好"的人的建议，他一定会在你出问题的时候再补一句："你看吧，我当初说什么来着。"

04 有笨蛋和你意见相左，
　　并不意味着你就不是笨蛋

1 /

有时候，沟通的成本会大到让人宁愿被曲解。

比如，在雯子小姐的签售会上，一位中年妇女突然发难，她指着台上的雯子小姐大喊：

"像你这样的人也好意思自称作家，好意思跑出来签售？写的都是什么祸国殃民的东西？居然好意思说是心灵鸡汤，我看根本就不是煮过鸡的鸡汤，更像是鸡在里面洗过澡的洗澡水。"

雯子小姐制止了冲过去的安保人员，她微笑着问："请问还有别的问题吗？"

对方甩了一个凌厉的白眼，扔下一声响亮的"切"就离开了，而雯子小姐丝毫没受影响，依然笑容满面地跟每个读者互动、签名、握手、合影……

我后来"幸灾乐祸"地问她："怎么就没发个飙呢？说不定能上个头条，某知名作家怒撑黑粉……"

她笑着回复道："这么点儿小事就想把我气爽了，她是秋高吗？不如在心里默默地奉上一句'就此别过，记得恨我。'"

最酷的处事态度莫过于：你可以随便评价我，我听得进去就算我输。

被一些闲人质疑的时候，最傻的做法就是自证清白。

别人说，"你的脸是整过容的吧"，你就使劲地捏自己的下巴和鼻子给他看，然后反问对方："假的敢这么使劲捏吗？"

你以为自己稳操胜券了，哪怕疼点儿都值得，结果对方又来了一句："现在的整容科技这么发达，也不好说。"

别人说，"你买的这个包包是假的吧"，你就翻箱倒柜地找出购买发票，向他展示你的消费记录，然后反问对方："假的能有发票吗？"

你以为对方这就信了，虽然麻烦但也能忍，结果对方又来了一句："发票也是可以造假的，要不了几块钱就可以搞到。"

戴着有色眼镜的人是没办法交流沟通的，他并不是真的要跟你交流感情，仅仅是想把他认定的东西、臆想的结论狠狠地砸在你身上，然后想尽一切办法让你不痛快。

他甚至连你是谁都不知道，仅仅是因为他那里的天气不好或者他今天被狗吓着了，就对你猛烈抨击。

他扮演的是人间的显微镜，总能在别人身上找出一点儿问题来。

他长年驻扎在道德高地的C位，哪怕是足不出户，也可以把你气到脑壳子疼。

遇上这样的破事和烂人，你只需脸上挂着微笑，嘴里说"嗯嗯"，心里说"你开心就好"。

微笑的作用是礼貌地表达"咱俩不熟，离我远点儿"；
"嗯"的意思是"你信也行，不信拉倒"；
"你开心就好"的意思是"你开不开心，我真的无所谓"。

室友喜欢较真，要么少说话，要么假装认同，要么把时间都用在自习室里；

领导爱乱指点，要么跳槽，要么用出色的工作质量让他闭嘴，要么攒够本事变成他的不可或缺；

同事喜欢说三道四，要么离他远点儿，要么离是非之地远点儿，要么努力比他优秀更多……

怕就怕，你知道继续纠缠没有意义，却被气昏了脑袋——"我就是看不惯他""我就是忍不住""我就是看到他会恶心"，所以，"我绝不能让他舒服""我必须跟他死磕到底""我要教他怎么做人"……

当然了，这会证明你"不畏强权"，证明你"很有性格"……但是，也请你做好狼烟四起、岁月蹉跎、两手空空的准备。

人生最大的败笔就是，和没意义的事情纠缠不清，和不值得的人一较高下。

2 /

看过一条很有意思的短视频。

一男子收到一条语音："哥们儿，听说你最近混得不错，是不是真的啊？"

听完之后，他就把手机锁屏了，旁人问他："你怎么不回啊？"

男子笑呵呵地说："不知道该怎么回，要是跟他说我混得好，他能气死；要是说我混得不好，他能笑死，干脆不回了，饶他一命吧！"

遇到这种"恨你有，笑你无，嫌你穷，怕你富"的人，最好的对策是：不要问，问就是"过得不好"；不要杠，杠就是"你赢了"。

因为你知道，某些人的问候并不是关心，更像是在卑鄙地试探；而你的避而不谈也不等于无礼，仅仅是因为他还没有资格让你为他破坏自己的心情。

因为你知道，自己的生活重点是珍惜每一个当下，以此去铺垫出自己想要的未来，而不是纠结一个与自己的未来毫无关系的人到底为什么要跑来恶心自己。

因为你知道，这世上有那么多明朗的东西值得欣赏，有那么多想去的远方值得奔赴，不能因为突然出现的不怀好意，就辜负了眼前的朗月或者晴空。

如果只是因为沙子迷了眼睛，就不再欣赏沿途的美景，那你的这趟人生之旅也未免太划不来。

对于这些不怀好意的人，如果一定要反击，那最好的反击就是：他受不了你的好，你就争取活得更好。

比如，有人嫉妒你的气质，那你就继续保持好看的外表，而且要去健身、读书、旅游、修身养性，让自己漂亮的同时，还很有才、有德、有趣。

比如，有人嫉妒你的能力，那么你就继续提升自己，去争取更高的分数、更出色的表现、更高的荣誉，同时试着拓展兴趣，变得更有人情味儿，让自己不仅才华横溢，还活得有滋有味。

不动声色就能过去的事情，就不要浪费时间和精力去掰扯；能用实力碾压的问题，就不要讲狠话或者飙脏话。

不要因为受到指责就讨厌任何人，因为你的讨厌会让他变得特别，还会影响你的判断力。

不要因为百分之一的负面评价，就否定自己百分之百的努力，因为别人不必对你的人生负责，而你必须负责。

不要让一次的情绪失控，就毁掉了半辈子修炼出来的翩翩风度，因为发脾气的样子真的很丑。

想对喜欢给人挖坑的人说，抹黑别人并不能证明你的清白，只能说明你的手很脏。

想对容易被言语激怒的人说，任何语言都不过是用嘴这个器官发出的一种声音而已，跟屁的原理差不多。

切记，狗仗人势，不是狗狂，是主恶；对牛弹琴，不是牛笨，是人蠢。

3 /

再讲三个值得深思的小故事。

第一个是一组对话。

有人问大师："怎样才能获得幸福？"

大师答："不要和愚蠢的人争辩。"

那个人反驳道："怎么可能？我没觉得这样就可以幸福啊！"

大师连连点头："是的，没错，你说得对！"

第二个故事是一则漫画。

一条蛇散步的时候不小心被锯子划了一下，蛇就特别生气，它使劲地咬了锯子一口，结果把嘴巴割破了。

蛇越想越生气，觉得锯子是故意在针对自己，于是盛怒之下，它就用身体缠住了锯子，它越使劲缠绕，伤口就越大，最后生生地被锯子"杀"死了。

第三个是一个电影片段。

在电影《让子弹飞》中，老六因为被诬陷"吃了两碗凉粉，只给了一碗的钱"，被逼无奈之下，老六当着众人的面剖开了自己的肚子，然后从肠子里捞出一碗凉粉，以此来证明自己没撒谎。

世界上最浪费表情的事情莫过于：跟智者胡搅蛮缠，跟笨蛋解释真相。

人生在世，谁都会遇到类似小狗抢道的糟心事，让它先走就好了。

在你不屑一顾的、强烈鄙视的，或者是需要强忍恶心的人和事面前，认怂岂止是不丢人，简直是光荣。

怕就怕，你明知道那是情绪的深渊，却还要长久地凝视；明知道那是难缠的恶龙，却还幻想着凭一己之力将其驯服，甚至幻想让恶龙低下骄傲的头颅，去亲吻你的脚背。

敢问一句，到底是恶龙不乖，还是你太傻？

人很容易产生一种"救人"的错觉，觉得别人说得不对，就想要"替天行道"。于是，一言不合就扛着一脑袋的"正义"冲过去，用不那么体面的姿势撕咬那个不符合自己三观的人。结果是，以自以为很正义的方式卖力地磨损着自己。

事实上，你喜欢番茄炒蛋，他喜欢红糖糍粑，不见得谁对谁错了，也没必要互相说服。

就好比说，"不谈恋爱，屁事没有"的劝告很难阻止跃跃欲试的年轻人，"抽烟有害健康"的警示也很难阻止上瘾的烟民。

所以，记住两个"不要"：不要在别人的嘴里苛责自己，也不要在自己的心里苛求别人。

记住两个"要"：要允许别人和自己不一样，也要允许别人随便是哪样。

4 /

有个大朋友问我："同事都很俗气，天天就知道巴结上司，我不喜欢巴结，结果他们联合起来排挤我，我该怎么办啊？"

我说："继续保持呗，你瞧不起他们的俗，他们当然也不爱理你啊。但是需要注意一点，他们只是俗而已，不是傻。你总不能因为自己清高，就怪别人没反过来巴结你，这就不叫不媚俗，而是不懂事。"

谁都有年轻气盛的时候，迷茫之中带着点儿心高气傲，受不了批评，看不惯权威，忍不了虚伪……

稍微遇到一点儿看不惯或听不惯的，就马上像一头失控的狮子，不管谁靠近，都会胡乱撕咬，以为世人皆醉，唯我独醒。

于是，今天因为这个人的语气生闷气，明天因为那个人的态度不好发脾气，后天又因为小团队的效率问题怨声载道……

结果是，你会把大把的时间都浪费了，把大好的青春都荒废了。

如此说来，笨蛋貌似更容易快乐，因为一个人越笨，需要忍耐的人和事就越少。不像你，一下子就能发现自己吃亏了，然后还拿别人没辙。

做人是挺难的。你过得很好，会有人眼红；你混得很糟，会有人嘴欠；你做得少，会有人鄙视；你做得多，会有人刁难；你高高在上，会有人说你不接地气；你和蔼可亲，会有人说你土里土气。

但实际上，你并不需要全世界的理解，全世界也不可能全然地理解你。

你不喜欢的口红有卖得超好的，你喜欢的书有卖不动的，你不喜欢的明星有大红大紫的，你喜欢的电视剧也有不温不火的。

你就喜欢你喜欢的就好了，你不能拿不喜欢的人和事怎么样，不喜欢你的人和事也不能拿你怎么样。

遇到意见不合的情况，你只需提醒自己五点：

（1）别人不同意你的观点，仅仅是不认同，不等于别人讨厌你。

（2）你不认同别人，仅仅是不能苟同，不代表别人就是笨蛋。

（3）当你是少数派时，要有勇气坚持自己；当你是多数派时，要有胸襟容下他人。

（4）不要因为出发点是好的，就认为自己理应被人理解，实际上，别人没有这个义务。

（5）见贤思齐，见不贤就思自己！

在人群之中生活，最好的心态是：喜欢我的，我报之以喜欢；讨厌我的，我付之一笑。管他命运给我安排了什么样的魑魅魍魉，我这颗心已全然准备妥当。

05 你要习惯站在人生的路口
   却没有红绿灯的现实

1 /

你二十啷当的年纪却活出了七老八十的孤寡。

乐观的时候会觉得:"满怀希望就能所向披靡!"但沮丧的时候又觉得:"满怀希望就会被削成土豆泥。"

你早上出门时想着干翻世界,但晚上回家时已经被世界修理得服服帖帖。

就像是,你早上醒来的时候还是完整的一百块,睡觉之前却像一把找回来的零钱。

你的新陈代谢越来越慢,生活节奏却越过越快。

你吃得大腹便便,却又营养不良;你览尽天下大事,却又脑袋空空。

你喊着孤独,却又远离人群;你盼着有人伸出援手,但又清醒地知道谁都不行。

你渴望被人理解,却经常被人误会;你非常在意自己的感受,但又过于注重他人的看法。

你并不甘心,却经常妥协;你抗争过,但杯水车薪;你并不舒服,但又不敢怎样。

你间歇性地想明白了,但持续性地想不通;你对自己没有的东西满是觊觎,却又对已经拥有的满是怀疑。

你知道自己应该朝前走,可你不知道该往哪儿去。

焦虑的感觉,就像是新买的猫粮还在送货的路上,猫却丢了;就像是在饮料机上接可乐,杯子马上就满了,可你找不到开关;就像是灵魂被现实卡住了,而生活却被调成了两倍速播放,于是你的内心和外表很矛盾,就像音画不同步。

2 /

学霸表弟突然给我发微信:"我真的不知道该怎么办了,天天都睡不着觉。"

一到晚上,他就感觉大脑呈现出死机的状态,要翻来覆去地把电耗完,才能精疲力竭地"关机"。

导火索是他大姨托人给他介绍的一份"好工作"。他特意强调了这份工作的"好"是"有前途、有钱赚、有面子",唯一的麻烦是要求会法语。

所以,他报了一个法语速成班。他以为凭他的智商考个证书去应付面试没什么问题,可后来才慢慢发现:法语的发音和语法的难度远超他的预估。

他每天缠着老师,问得最多的是:"这个句型重不重要?""这个句式会不会考?""你觉得我要学多久才可以考过?""我应该买什么教材才能进步快一点儿?""我每天至少要刷多少道题?"

他说他不知道辞职的选择对不对,不知道考试能不能过,不知道突然换行业会不会后悔……

他问我:"怎么办才好?"

我回答说:"你其实知道怎么办,因为你已经做出了选择,你只是等不及了要一个明确的结果。但很多事情就像是解数学题,答案需要你一步一步地推算,你光是看着题目就想要正确答案,当然很难!"

让你焦虑的,不是"我能不能如愿以偿",而是"我能不能马上如愿以偿"。

二十上下的年纪,你想要名校,想要房子、车子,想要满分的恋人,想要掏心掏肺的知己,想要浪漫的旅程和过人的见识,想要高品质的生活和有意思的社交……

结果是，你买了一本本指点迷津的书，看完之后，迷津更迷了；你听了一场场指点人生的演讲，听完之后，人生还是时时刻刻不知如何是好。

可问题是，你那么年轻却想窥觑整个世界，那么浮躁却想看透生活。

你白天算自己还有几小时下班，晚上算自己还能睡几小时的觉；你夜里会因为白天什么都没做而焦虑，到了白天稍微一努力又会使劲喊累。

结果是，你的身体很想睡觉，因为又熬夜了，但你的大脑不肯睡，因为还有很多事没解决。

学生时代，我们活在"确定"的世界里：一篇文章只有一个确定的中心思想，一道数学题只有唯一的正解，四个选项中只有一个正确答案。

然而进入社会，每个人都被抛进了一个充满了"不确定"的现实中："工作这么做行不行"不知道，"今天做的决定对不对"不知道，"我和他能不能走到最后"不知道，甚至就连"我明天在哪儿"也不知道。

很多问题没有标准的参考答案，很多问题的参考答案只有一个字："略。"

你分不清"状况频出的今天"到底是"糟糕的只有今天"，还是"一连串糟糕日子里的某一天"。

你也分不清"此时的不顺利"到底是"人生路上的某一处坑洼",还是"人生就此走向下坡路的开端"。

我的建议是,不知道正确答案就去试错,不知道要什么就先做点儿什么,然后耐心等待。而不是两手一摊地空等好运降临,或者双手合十地求菩萨保佑。

别妄想播下种子就马上结出果实,别妄想熬了几个夜晚就能取得别人努力了好多年的成绩,别妄想用几年的努力就想赶上别人几代人的努力。

该花的时间还是得花够,该吃的亏还是得吃到,该交的智商税还是得交足,全世界没有任何一家免税店能免智商税。

做人也好,做事也罢,我们该有的态度是:过程用心,结果随缘。但是很多人都用反了,变成了:过程随缘,结果用心。

一个善意的提醒,不要把有抱负的紧迫感变成只争朝夕的慌乱感,每个人都必须习惯站在人生的十字路口却没有红绿灯的现实。

3 /

在一篇关于"执行力"的文章里,有一段话生动地解释了很多人焦虑的原因:

"还剩三个月,时间多的是,优哉游哉;还剩两个月,要开始努力了,晃晃悠悠;还剩一个月,继续东搞搞,西搞搞;还剩两周,开始慌了,终日惶惶;最后一晚,哭着骂着把活凑合地做完了。然后一边骂着老板,一边心疼自己。"

其实,很多人的焦虑不是事情的难度带来的,而是"总想逃避"带来的;不是事情的紧急程度带来的,而是"一直拖着"造成的。

那么你呢?

你把宝贵的青春都浪费在犹豫和不安上,你夹在意气风发和好吃懒做之间动弹不得,因在"不想认输"却"不知道怎么赢"之中毫无办法,你向前的每一步都是胆战心惊的,就像是蒙着眼睛在悬崖峭壁上走钢索。

你羡慕那些活得清醒明白的同龄人,羡慕他们一出生就像拥有了某种使命感,学生时期就知道自己该选什么专业,毕业了就知道自己适合做什么类型的工作,到谈婚论嫁的时候就知道应该找什么样的对象。

而你就像一个临时被喊上场的替补选手,完全不熟悉比赛的规则和教练的意图,像一个白活了十几二十年的、摔倒在地上哭的小朋友,还在等着谁的指点或者被谁拉一把。

就算什么都不做,你也照样很不安,因为你心里的某个地方还想着束手无策的工作、毫无进展的感情,以及压力山大的生活。

总之，想用生命这团火去烤点儿什么的是你，担心太快把自己烧没了的还是你；惯着你的人是你，把你逼疯了的人还是你。

我的建议是，吃饭的时候就敞开肚皮，聊天的时候就敞开心扉，吵架的时候就拉开架势，努力的时候就沉下心来，一事一毕，万事就都有了着落。

不开心怎么办？那就允许自己不开心一会儿。
对方不回复怎么办？那就别再主动发了。
求而不得怎么办？那就暂时不要了。
得不偿失怎么办？先失了再说。

你要在一个接着一个的麻烦里耐心地熬，逐渐找到跟生活对峙的方法，直到把肉身磨成铠甲。

生活就像是打游戏，作为新手的你，拥有的只是新手的武器装备和技能，根本就没必要提前着急将来会遇到什么大怪兽。
你只需用心攒经验，认真升级，先把眼前的小怪兽搞定就行了。

事实上，能够立即起效的东西常常很难长久，比如，一见钟情和心血来潮；而长久的东西往往不会立即见效，比如，埋头苦干和心平气和。

一个人能够做到平静或者安心，并不是因为"永远没有糟糕的事情发生在他身上",而是永远相信:就算糟糕的事情会不断发生,自己也都应付得来。

怕就怕,你浪费时间的时候就好像自己永远都不会死,但规划人生的时候又好像自己只能活到三十岁。

4 /

很多时候,你焦虑是因为突然发现命运根本不顾你的死活。

比如,课堂上老师突然说:"没有人举手的话,那我就点名了!"

比如,坐在你对面喝奶茶的同事突然问你:"你中午发到群里的东西是不是发错了?"

比如,刚买新车的朋友问坐在副驾驶的你:"左边是油门,还是刹车?"

比如,在一个稀松平常的早晨,恋人突然问你:"你是不是忘了今天是什么日子?"

比如,你如释重负地提交完方案之后,甲方看了三秒钟就回复你:"感觉哪里不太对。"

很多时候,你焦虑是因为你摸不清楚命运的意图。

比如,面试的时候,你觉得自己表现挺好的,面试官的表情也貌似对自己很满意,可最后听到的结论是:"回家等通知吧。"然后,杳无音信。

比如,喜欢一个人的时候,你觉得对方哪哪都好,对方经常给你点赞，可当你表白之后，却听到对方说："对不起啊，我已经有喜欢的人了。"

又比如，提涨薪的时候，你一边扭扭捏捏的不好意思，一边又觉得自己劳苦功高，甚至都想好了对策："不涨薪就辞职。"结果老板的回应是："公司培养你挺不容易的。"

还有很多时候，你焦虑是因为被人带乱了节奏。

比如，打开朋友圈，你看见每个人都在升职加薪，在换房子车子，在结婚生娃。

比如，打开抖音，你发现人人都是美女帅哥，没事就唱唱跳跳、吃吃喝喝。

比如，打开知乎，你觉得每个答主都是来自985、211、常春藤，他们涉猎之广让你难以想象，而烦恼似乎只有两个：不是钱多，就是太聪明。

一个经过了编辑加工和滤镜渲染的热闹圈子为你营造一连串的错觉，让你觉得："我必须马上成为有钱人，我必须遇到一个满分的恋人，我必须无所不知、无所不晓，我必须活成视频里那样幸福的样子……"

但与此同时，它也给了你巨大的落差感，让你自认为："活得还不够精致，知道得太少了，长得还不够好看，脸还不够完美，拥有的生活还不够酷……"

然后，自惭形秽的焦虑逼着你把大量的精力都浪费在弥补所谓的

"差距"上，鼓励你热情且悲壮地漂白自己、涂改自己、切削自己，逼着你把自己放进某个单一且畸形的潮流中，以期获得几个碍于情面的赞与夸。

它甚至还会逼着你陷入自责：

"我连神仙水都用不起，太对不起自己了"；

"我连乐高课都舍不得报，太对不起孩子了"；

"我一年才回家一次，太对不起父母了"。

它还会让你迷失：你站在人潮之中，却不被人围绕；你卖力地挤进热闹的社交圈，却从来不是注意力的焦点；领跑的阵容里没有你的位置，你想坐的位置上坐的是别人。

但事实上，每个人都会有一两门怎么学也无法名列前茅的科目，会有一些怎么想都想不通的糟心事，会有一些怎么努力也达不成的目标，会遇见一两个怎么花心思都不能打动的人，会有那么几堵怎么使劲也撞不倒的南墙，会有无数个一脚踩空的尴尬瞬间……

每个人都是从没有朋友，没有客户，没有粉丝，没有关注，甚至是没有头绪开始的。

谁都是这样。

所以我的建议是，把眼光放在自己身上，放在自己喜欢的事情上，接受自己"差到爆"的状态和"衰到家"的处境，然后勤勤恳恳地付出努力，一点一点地收复命运的失地。

不要被"女人过了二十五岁就开始走下坡路""三十岁的人已经

被时代潮流淘汰"给唬住了；

不要因为"我都这么老了，换工作、换行业也不会有什么机会"，就打起了退堂鼓；

不要因为"再不结婚，我就永远都不会结婚，我要孤独终老了"，就给自己的人生喷了"定型胶水"。

"向前冲"并不适用于每个时刻，对某个暂时很丧的人来说，更重要的事情是"沉住气"。

5 /

一个直播带货主播的焦虑是："一旦我停播一天，粉丝可能就会被另外九千九百九十九场直播吸引住了，她可能第二天就不来看我了。"

一个微博大V的焦虑是："以前一个段子好几万赞，现在就几百个了，而且一发微博就掉粉。"

一个品学兼优的学生的焦虑是："这次考了第一名，下次不是第一名可怎么办啊？"

一个考研失败的女生的焦虑是："要么是留在家乡，由父母来安排工作、婚姻；要么是单枪匹马去大城市闯荡，感觉两条路都像是悬崖。"

一个出了几篇爆款文章的公众号作者的焦虑是："好像再也写不出那么爆的文章了，即便是花更多的时间、精力，即便文章的张力和深度比爆的那篇更胜一筹，也再爆不起来了。"

一个部门领导的焦虑是："我不知道爬到今天的位置，有多少是基于我的能力，有多少是基于运气。"

一个广告公司总监的焦虑是："这个方案好烂，甲方一定很喜欢。"

每个人都焦虑，一时的功成名就也不能保证一劳永逸，就像皇冠治不好头痛。

但换个角度来看，焦虑也是好事，它是欲望的防腐剂，是生活的保鲜膜，是上进心的推进器。

你感觉"糟糕透了"的日子，可能是你人生中为数不多的"还想力争上游、还想改变命运"的时刻。

你看不惯的、厌恶的、妒忌的、羡慕的，只是因为你在苛求完美，在追求进步，所以你无法忍受自己"还是现在这个鬼样子"。

是的，你迷茫，是因为你还没有认命；你焦虑，是因为你还不想认输。

如果有一天，你觉得安逸了，再也没有欲望去力争上游，再也不敢有一丝一毫的不切实际的奢望，整天捧着手机嘻嘻哈哈，躺在床上昏昏沉沉，任由时间流淌却毫无知觉，没有激情，没有奔头，没有想法，这才是最糟糕的。

就像是，当你不再为主人公的命运着急时，就说明你对这部电影没什么兴趣了。

人原本是不知道焦虑的，可一旦有了梦想，有了想守护的人，有了想拥有的东西，人必然会焦虑。

就像是，冰块本来是不怕融化的，但变成美丽的冰雕之后，就怕了。

你当然可以怕，怕被点名，怕衰老，怕肥胖，怕遗憾，怕来不及，怕遇人不淑，怕得不偿失……

但，你已经是个大人了，你就该知道，生活的本质就是麻烦不断。你必须去直面问题，去经营健康正向的情感关系，去做好能给你带来成就感的工作，去挑战心驰神往的生活目标，去维系某个稳定且舒服的小圈子，去调整不受外界影响的平和心态。

谁能真的掌控命运呢？无非是被生活推向一个一个的战场时，先学会了咬紧牙关，再学会了全力以赴，最后学会了虽败犹荣。

我们这一生唯一所能驾驭的就是"自己"，所以最有意义的事情莫过于努力去优化"自己"，让它载着我们去真正想去的地方。

人生海海，祝你有帆有岸。

Part II
你也不过是一个刚刚过期的小朋友

⊙你只需努力过好你认为对的生活，但尽量不要跟别人强调什么生活是对的。⊙你只需过好你觉得舒服的生活，但不要忙于告诉别人"我在干吗"。⊙你只需努力成为世界上最甜的那颗樱桃，但同时明白这个世界总有人不喜欢樱桃。

01 人生是场体验，
请你尽兴一点儿

1 /

每次见到年过七旬的周老太太，我就会心生感慨："这个世界没有大人，只有长皱了的小朋友。"

因为生活于她而言，不是年复一年地匆忙老去，而是日复一日地焕然一新。

养了一年多的母鸡不下蛋，她就弯下腰去威胁那只鸡："再不下蛋，今天就吃你！"然后当着那只鸡的面进了厨房，再当着那只鸡的面磨了好半天的刀。

散步的时候看见路中间横着一块石头，她就叉着腰对那块石头讲了好半天的大道理，教训完了，她才把石头搬到路边去，说是要让石头"心服口服地挪地方"。

和七十多岁的闺密玩扑克牌，赢了，她就拿水彩笔在闺密的额头上画乌龟；输了，她就光着脚丫子往门外面逃。

看一个男生打篮球的姿势特别帅，以至于每次扔垃圾都像投篮似的往垃圾桶里扔，没扔进去，就捡起来，再退回到之前的位置继续投。

平时从不闲着，上午交谊舞，下午诗朗诵，傍晚还时不时来个合唱团，比她上初中的孙子还要忙。

她爱喝咖啡，爱养花，爱喂鱼，特别之处在于，她的每一个杯子、每一盆花、每一条鱼都有专属的名字。

以至于她的记事本上会这样记录："今天用野鹤喝了咖啡，给马夫人浇了水，给大头和水生喂了新买的鱼饲料。"

世界杯期间，她跟两个儿子一起看球，全场都嘴巴不停："传啊，你倒是传啊，哎呀，急死我了！""跑起来，快跑啊，你行不行啊，不行就换我上吧！"

输球的那一刻，她激动地把跟了她三十多年的瓷杯摔了个稀碎，然后又像个小孩子一样撒娇，非要她儿子赔。

看孙子玩电子游戏，她觉得挺有意思，就软磨硬泡地逼着孙子教她，后来竟然玩得有模有样，还给自己取了个网名叫"花季少女"。

有人私信问她"多大了"，她如实回答："七十多岁的人了。"结果对方说："切，我还一百岁呢！"

孙子问她："您年纪一大把了，怎么还像个小孩子似的？"
她回答道："你们年轻人是'再不疯狂就老了'，我这个年纪的人是'再不疯狂就没了'。"

天真跟年龄无关。有的人活到九十八岁还天真烂漫,有的人刚进幼儿园就老谋深算。

那么你呢?

才活了十几二十年,就像是活够了的吸血鬼一样,很难再为什么人和事激动了,每天无精打采,还讨厌晒太阳。

结果是,曾经一根棒棒糖就能拥有的快乐,现在要一套学区房才能得到。

其实,一个人的衰老不是从长出皱纹开始的,而是从厌倦生活开始的。

同样是一天二十四个小时,一年三百六十五天。有的人邋里邋遢地过一天,又随波逐流地耗一年,到年底回忆这一年时却发现什么都想不起来,就好像自己从一场昏睡中醒来。

有的人则活着很尽兴,出门的时候会想着惊艳一点儿,工作的时候会争取做好一点儿,吃喝玩乐的时候会想着过瘾一点儿……

同样是不能出门的日子,有的人哭天抢地:"太难熬了""我要闷死了"。

有的人则解锁了新玩法:把沾了肥皂水的地板变成了跑步机,把铺了瑜伽垫的客厅变成了健身房,把八个月大的娃四舍五入之后变成了十千克重的哑铃……

这确实是一个你说了不算的人生，但这丝毫不影响你去做那些你可以说了算的事情。

比如，没人给你准备节日礼物，那你就自己准备；没人把你当小孩，那就自己把自己当小孩。

比如，没有可以肆意挥霍的财富，但你可以有一两个如痴如醉的爱好；没有可以炫耀的爱情，但你可以有一两个掏心掏肺的朋友。

哪怕还有三场考试在等着你，哪怕第二天早上还要一脸严肃地去成人世界里厮杀，哪怕还要无数次熬到凌晨三点……

但这丝毫无法影响你给自己找盼头。比如，几天后要去见谁，几号有什么展览，几个星期之后要吃什么大餐，几个月后有谁的演唱会……

这些让你开心的人和事就像是上天派来的救星，足以帮你挡住生活的歪风邪气和命运偶尔的不怀好意。

我理解的"童心未泯"，就是鲜活不惧碾压，莽撞不问明天；就是和成年人共事的时候是个值得信赖的成年人，和小朋友玩耍的时候是个可爱的小朋友，看见阿猫阿狗的时候是另一只阿猫阿狗，盯着一朵花的时候是一只蝴蝶。

2 /

听过一个故事，说一个人去世之后见到了上帝，上帝指着一个箱子对他说:"这是你能带走的东西。"

他问上帝:"是我的遗产吗?"

上帝说:"那些身外之物是属于地球的,从来都不属于你。"

他又问:"是我的躯体吗?"

上帝说:"你的躯体属于尘埃。"

他又问:"难道是我的灵魂?"

上帝说:"你的灵魂属于我。"

他好奇地从上帝手中接过箱子,打开一看,里面空空如也。

他诧异地问:"难道我从未拥有过任何东西?"

上帝意味深长地答:"是的,尘世间没有任何一样东西是真正属于你的,你的经历和感受才是唯一属于你的。"

也许有人会问:"既然尘世的一切最终都不会属于我,那我为什么还要努力呢?"

那是因为有很多美好的体验需要时间、金钱、健康,以及知识。

没有金钱和时间,你可能去不成远方;没有健康,你什么都别想;没有知识储备,你可能读不出来远方的诗意。

所以,你努力赚钱,不过是为了用钱换取更多的体验券;
你追求更高的品位,不过是为了欣赏更多有品位的事物;
你努力锻炼身体,不过是为了不被疾病束缚了皮囊;
你努力拓宽见识,不过是为了不受愚昧和短见的掣肘。

那人生到底要体验什么呢?

是不珍惜自己、不尊重他人的狂妄体验吗？是自欺欺人、自作聪明的虚伪体验吗？是缩手缩脚、瞻前顾后的纠结体验吗？是事不关己，高高挂起的麻木体验吗？是混吃等死，荒诞不经的放纵体验吗？是自我怀疑，耿耿于怀的痛苦体验吗？

不是的，是去谈情说爱，然后体验爱恨和别离。
是去争取变优秀，然后体验弱肉强食和"落后就要挨打"。
是去关注健康，然后体验精神抖擞和"病来如山倒"。
是去脚踏实地，然后体验"柳暗花明又一村"和"倒霉透了"。
是去经营友情，然后体验久别重逢和不欢而散。

很多人一辈子满打满算也不过百年，再扣掉吃喝拉撒的时间，扣掉别人领奖时你在台下鼓掌、别人玩游戏时你在旁边看、别人闹出笑话了你在旁边笑的时间，再扣掉失恋了难过、被人惹着了生气、堵车窝火、被误会了委屈的时间，以及给孩子辅导功课、跟另一半吵得不可开交、跟父母苦口婆心、跟同事钩心斗角、跟老板斗智斗勇的时间，你还剩几年？

与其整天纠结于人生的意义，不如用有限的人生多做一些有意义的事情。

所以，不要年纪轻轻就大喊"给人生做减法"，不要未经世事就说"活着真没意思"，也不要等老了再去想"为什么当初没有勇敢一点儿"。趁一切还有可能，去撞撞南墙，不然你一辈子都会惦记"撞到南墙会怎样"。

不要因为"做了跟没做一样"而懊恼，你该明白，很多事情，如果没做，只会更糟。哪怕只是翻了一页书，只是背了三个单词，只是跑了三十米，也远比"觉得没什么用，就什么都不做"要强得多。

要想搞懂生活，你就要去经历它，你不能总是做一个分析利弊的人。

切记，成功的反面不是失败，而是什么都没做。

趁着还有想法，趁着还有非常想要的东西，趁着还有喜欢的事情，一定要尽力、尽心、尽兴，没做过的事情要做一做，没去的地方要去一去，没有的东西要争取一下，这才不枉来这人间走一回。

人生就像是一场漫长的煎烤，如果不顺便来几次 BBQ，那未免也太浪费了。

3 /

大多数人以为人生是这样：

一开始呱呱坠地，好好学习，终于毕业；然后找工作，找对象，结婚生子；

然后朝九晚五地上下班，小心翼翼地照顾别人的情绪，不圆滑地应付着人际关系；

然后买房、贷款、还债，变成赚钱的机器和无聊的大人；

然后孩子羽翼丰满，自己日渐老去；

再然后孩子远走他乡，你和没什么话可聊的老伴相依为命；

最后你去了另外的世界。

就这样了吗？不！

人生其实还可以是这样：

你的诞生，被父母视为上天的恩赐；你第一次背上书包，兴奋地摔了一跤。

你和好朋友打架，被老师"请"到教室外面，还要求你们俩手拉着手罚站。

你偷偷喜欢上了某个人，并很快结束了初恋。

你在毕业那天把帽子扔得很高，但镜头捕捉到的只是你翻的白眼和扭曲的表情。

你独自去异乡打拼，过节的时候难过地走了一段很长的夜路，起风了，你觉得自己像一片落叶。

你第一次开车的时候紧张得手心冒汗，并且很快就发现新车上出现了烦人的划痕；你辛苦地装扮着新房子，还买了一大堆没用的小玩意儿。

你在婚礼现场紧张地背完了誓词，还当众亲吻了对方的脸。

你半夜给哭得撕心裂肺的小家伙换尿布，蹭了屁屁也满不在乎。

你半夜上完厕所回到床上，偷偷亲了四十多岁的另一半。

你的健康亮起红灯的时候，对方比你还要慌张，为此你卖力地跑步减肥，还吃了半年的素。

你给后辈们讲自己过去的高光时刻，并且非常享受他们的赞叹。

你担心子女的感情和事业，但他们最终都过上了你曾经不敢想的美好生活。

很多人活得就像一棵功利的植物，只顾着给自己浇水、施肥，然后盼着结果，但常常忘记了开花。

那么你呢？

上学的时候盼着考上理想的大学，上了大学又盼着找到称心如意的工作，工作了就盼着快点儿升职加薪，结婚生子了又巴不得小孩子快点儿长大成人，直到快死了才忽然发现：自己好像一直忘了要好好生活。

于是，你嫉妒那些得到了自己想要的东西的人，羡慕那些做了自己想做的事情的人，仰慕那些做了自己想都不敢想的事情的人。

我的建议是，你可以有发泄不出来的情绪，但不能耗在情绪里；你可以暂时不顺利，但不能自暴自弃；你可以比别人慢一点儿闪耀，但不能止步于什么都没干；你可以晚一点儿擅长，但不能止步于不练习；你可以不被珍惜，但不能不爱自己。

就算你画画还是幼儿园水平，唱歌总是跑调，写东西语法错误一大堆，穿戴看起来没有什么品位，喜欢的电影没几个人看过，追的星非常小众，玩游戏的技能远不如一个小学生……这都没关系，无聊的世界正是因为有了像你这样热情的"蠢货"，才显得浪漫又好玩。

你只需记住，喜欢是一种享受，不应该成为负担。

所以，不用紧张自己的爱好太小众，既然喜欢小众的东西，就不必在乎大众的眼光。

不用担心把喜欢的事搞砸了，任何你喜欢做的事情，都值得你"多搞砸几次"。

4 /

人生或许不是你期待的那场宴会，但既然来了，就跟着起舞吧！

如果你没有做点儿什么去让生活丰富，没有努力去争取一些什么来让自己精神抖擞，那么你的生活注定会变得越来越不可理喻，越来越难以捉摸，越来越富有敌意。

无聊的不是你的人生，而是你的人生追求！

所以，不以交差的态度做分内的事情，不期待与身份不相配的关注，不乱用情绪去对抗，不表演给任何人看，也无所谓任何人的表演。

如果生活给你的是蜜糖，那就安享其成；假如生活给你的是考验，那就披甲上阵。

其实每个人都一样，都会爱错几个烂人，都会因为琐事伤心沮丧，都会在某个难搞的问题上犯轴，但这并不影响我们去看看晚霞、吹吹冷风，以及吃点儿好的。

如果你能在最难熬的时候想得开，懂得吃，舍得穿，肯打扮，那么你就不会乱。

出了门，就做一棵树，阳光下努力拔尖，黑暗中默默扎根。
回到家，就做一朵花，开心时孤芳自赏，沮丧时悄悄合上。

愿你敢和生活顶撞，敢在逆境里撒野，愿理想主义的少年永远不会被现实招安。

希望我们最终能成为这样的人：
有自己的爱好，不怕独处；有自己的圈子，不怕排挤；有自己的坚持，不怕误会。
不对自己的人生设限，但知道做人要有底线；有近乎盲目的乐观，但没有莫名的自大。
偶尔胆怯，但知道据理力争；时常迷茫，但不蝇营狗苟。
总的来说就是，尽量保持好奇，尽量保持浪漫，尽量坚持原则，尽量守住初心，尽量诚实做人，尽量努力奋斗。

02 成年人的崩溃，
　　最好是仅自己可见

1 /

章鱼小姐说话很温柔，给人的感觉是：就算天塌下来了，也可以坐下来慢慢聊。

父亲被推进手术室的那天，她还在跟曾经最好的闺密打官司。

她先是去医院见了医生，平静地听完了医生的分析和建议，然后平静地在治疗方案上签了字。

再然后，她把自己的房产信息发给了卖房子的朋友，再将所有的理财产品都换成了现金。

进父亲的病房之前，章鱼小姐在洗手间里补了个妆，进屋就笑着冲父亲做鬼脸，还夸父亲的气色好："你至少还能再活一百岁。"

父亲问她中午吃了什么，她调皮地掰着手指数："一个冬虫夏草盖饭，一个软炸鹿茸，一个爆炒熊掌，一个凉拌灵芝。"逗得父亲哈哈大笑。

出了医院,她又去见了律师,听了几段"前"闺密的录音,再平静地提交了自己的材料,然后马不停蹄地赶去公司,一脸微笑地应付那个色眯眯的客户。

再回到家时,天已经黑透了。她换鞋的时候特别想踢鞋柜一脚,放下包包的时候很想给墙壁一拳,但想到现在是深夜,她忍住了。

她靠在沙发上,抱着自己,蜷成一团,然后一顿暴哭。
崩溃了大约十分钟,她冷静下来了,然后拿出电脑继续工作。

我曾问过她:"那么难熬的日子,是怎么熬过来的?"
她乐呵呵地说:"那时候啊,有一股强大的精神力量在支撑着我,叫'水深脖子长'。"

是啊,谁不是玻璃心呢?只不过是有的人知道在心的外面裹上几层隔音海绵,心碎一地的时候,没有人听见罢了。

成年人的崩溃不像小孩子摔了一跤,会有大人来哄,成年人的崩溃更像是被人丢进了海里,无论往哪个方向扑腾,四周还是一片汪洋。

小孩子的特权是可以既蠢且不令人生厌,但成年人还无知无畏、不知轻重,就会表现得既蠢且让人讨厌。

小时候哭哭啼啼,仗着面目可爱,会有人视为撒娇,加倍对他们好；长大了还到处卖惨，却忘了自己早就不同往日，就像是在徒劳地发出惨叫，根本就无人理睬。

成年人的世界就是，没有人必须帮你，没有人必须理解你，你当众崩溃，除了会让家人难过，让朋友担心，让对手偷着乐，还会让你陷在"我就是个失败者"的消极情绪里，继而彻底丧失斗志，失去翻盘的机会。

所以，不要把自己的软弱公之于众，不要把自己的狼狈逢人就说，也不要轻易地大动肝火。

与其陷入"为什么我这么可怜""为什么没有人喜欢我""为什么没有人帮我"，不如多看一本书，多跑五公里，然后快乐地感叹一句："还好没有人来烦我。"

小时候总以为这个世界上只有秘密才不能说出来。长大了你就会明白，成年人的委屈和难过同样不能说出来。

关上门，你可以哭着蹲下去，可以满地打滚，可以把桌子上的杯子都推到地板上。但是，一旦打开了那扇门，你就得笑着走出去，像什么事情都没有发生一样，落落大方地出现在世人面前。

迷茫就去跑跑步，焦虑就去吃肉肉，难过就去听听歌，委屈就找个没人的地方喊出来，孤独就去花店里买束花。

先把五官哄开心了，再去设法营救受困的灵魂。

真正的成熟是：有痛楚，但不轻易公之于众；有情绪，但不频繁地情绪化；有主见，但很少反驳他人；有社交，但不浪费时间在无效社交上。知道无人理解是常态，无人可说也是。

2/

张先生的脸很长，而且严肃，不说话的时候就像复活节岛上的石像。

但眼睛很好看，睫毛长得比某些小朋友的周末培训班还要密。

妻子怀胎第七个月的时候，突然被查出胎死腹中，我以为他会崩溃，因为他期待这个孩子很久了，但他没有崩，还跟我开玩笑："这孩子大概是下凡的时候忘记带钥匙了！"

跟老板没日没夜地干了九个月，老板突然就跑路了，毫无征兆地卷走了公司的一切，还留下了一堆债主。我以为他会崩溃，因为老板曾经允诺了很多很多，他也为公司付出了很多很多。但他没有崩，还一脸轻松地跟我说："哈哈，老板这是想方设法地让我做老大啊！"

平日里精神抖擞的老父亲突然去世了，我以为他会崩溃，因为他前阵子还打算带父亲去泰国潜水，他说这辈子欠父亲太多了。但他没有崩，平静地给父亲办了后事，全程没有掉一滴泪。

我的第一反应是："这人也太能扛了吧？"
我的第二反应是："这人是没长神经吗？"

然而之后的某天，我们几个人一起吃火锅，有人夹丸子没夹住，丸子在火锅里砸出了巨大的"水花"，张先生的白色衬衫直接"挂了彩"。

那个人赶紧起身道歉，结果张先生居然哭了，眼泪吧嗒吧嗒地往下掉，然后起身去了洗手间。

所有人都蒙了，当他再回来时，满脸堆着笑，但眼睛是红的，他生硬地解释道："刚才不好意思啊，咬着舌头了！"

过了好几个星期，他主动跟我提起这件事："其实那天我没有咬着舌头，就是一下子没绷住。那么多让我发疯的事情我都忍住了，没想到这些小事也针对我。"

我没有说"至于吗"，没有说"会好起来的"，也没有喊"加油"，我只是笑着说："今天天气不错，挺适合请客。"

成年人的心平气和，一半是"看你能拿我怎么样"，一半是"不然还能怎么样呢"。

所以，很多成年人的崩溃看起来很奇怪。

A 跟男朋友分手的时候，一滴眼泪都没有，但因为洗澡突然没热水了，瞬间崩溃。

B 因同事陷害，被公司开除了，一次脾气都没发，但煮方便面的时候发现袋子里没有酱包，瞬间崩溃。

C 一个人没日没夜地照顾卧病在床的公公婆婆，还有一个两岁的宝宝，她没哭过一次，但过马路的时候被泰迪凶了一下，瞬间崩溃。

D独自在大城市打拼了好多年，生病都是自己去医院，没求过一次人，但有一天煮饺子的时候把馅都煮漏了，瞬间崩溃。

E在柜台站了一整天，一件东西都没卖出去，还是面带微笑，但去吃牛肉面的时候，服务员少盛了两块牛肉，瞬间崩溃。

F和妈妈大吵了一架，气得拖着一大堆行李离家出走，无处可去时没有哭过，却在某一天下班回家，吃方便面的时候，因为叉子断掉了，瞬间崩溃。

G被甲方折磨得死去活来的时候，一声叹息都没有，却因为过马路的时候有一辆车狠狠地对她摁喇叭，瞬间崩溃。

H去山村支教，走了很长一段泥泞路，鞋子裤子上都是泥，就想买个刷子，但身上只剩十元现金，而小卖部的刷子标价是十元七角时，她当场暴哭。

为什么那么难搞的事情都承受得了，却在一些微不足道的小事上崩溃了呢？

原来啊，这些小事毁掉了你所剩无几的耐心和少得可怜的期待。你以为咬咬牙就能挺过去了，以为熬完了糟糕的今天就会迎来有转机的明天，却没想到就连这些小事都不肯放过自己。

成年人的世界就是：没有人逼你，也没有人帮你。你只能自己救自己，硬着头皮，或者厚着脸皮。

3 /

智能的东西一旦变得不智能就会显得更蠢，比如，中毒的电脑、内存不足的手机，以及发飙的人类。

因为老公的一句"茄子好咸"，郝姑娘一怒之下去染了一头红发，染完了又想着对小宝宝不太好，又一怒之下剃了个光头。

因为妈妈半开玩笑地提了一句"你再要个孩子吧"，她一下子就炸了，然后被一旁的爸爸臭骂了几句，于是她昂着头喊："你们记着，从今以后，我和你们断绝关系。"说完就甩门而出。

等怒气退场，理智上头的时候，肠子都悔青了的她就像一条溺水的鱼。

她说："老公觉得咸，我给他倒杯水就行了啊！"

她说："爸妈说我两句，那就说了呗，养了我二十年，还不让人说两句啊！"

是啊，可谁又拦得住你发飙呢？

人在盛怒当中，理智根本没有立足之地。说得再直白一点儿：发飙就是发蠢。

每个人身体里都有一个大人、一个小孩。情绪控制能力差的人，是小孩先跑出来，口不择言、慌不择路之后，身体里的大人这才赶到现场。给小孩一通胖揍，然后大人和小孩一起内疚、惶恐或者后悔。

而情绪控制能力好的人，是身体里的大人先把小孩安慰好了或者收拾完了，再由大人出面。这个时候，选择撒野，他是故意的；选择表演，他是左右权衡了的。

那么你呢？

忍一时越想越气，退一步越想越亏。逢人藏不住事，遇事沉不住气，生气兜不住火。

一把年纪了还是控制不了自己的嘴，还是喜欢说反话，还是那个一遇到挫折就想逃跑的小朋友。

如果情绪波动也算一种运动的话，估计你早就瘦了。

事实上，问题会带来情绪，但情绪不能解决问题。所以，崩溃的时候不要说话，恼火的时候不要做决定。

删掉你正准备回复的一大段不满的话，换成"好的"；

删掉你怒不可遏时发在朋友圈里的脏话和狠话，换成"今天天气不错"；

删掉你那些指桑骂槐和含沙射影的图片和文字，换成"算了"。

切记，成年人的崩溃不需要观众。越是绷不住就越不能给自己添乱，越是不满意就越要不动声色，越是崩溃就越要仅自己可见。

4 /

曾听到有人说,他在图书馆看到一个男生趴在桌子上哭了五分钟,很小声的那种抽泣,然后,他的手机闹钟响了,他马上就停止了哭泣,开始埋头做题。

曾有个报道说,一个男人在路边痛哭,旁人问他怎么回事,他回答:"我是特意趁家里没人才跑出来哭一会儿的,有家人在,我不敢哭。"

曾有个三十多岁的男人在一次体检中意外得知自己患了癌症,他不敢告诉任何人,而是自己偷偷去做化疗。然后每天照常工作,逗妻儿开心,定期看望父母。有一天,妻子突然问他怎么掉了那么多头发,他笑着说:"因为我聪明绝顶啊。"

曾有个宝妈白天执行了一个有两千人参与的大型活动,忙到晚上十点多才回家,发现儿子在拖拖拉拉地写作业,就凶了儿子,让他快点儿写。结果儿子说:"妈妈,今天我有点儿讨厌你。"她一下子就绷不住了,跑进洗手间里猛哭了很久。

曾有个在异乡打拼的男生大扫除的时候摔了一跤,磕着后脑勺了,缓了好久才爬起来,心里非常害怕,第一反应是给同城的朋友打电话,他的本意是"万一自己有个三长两短,也好有人知道",但朋友听完笑他小题大做,他挂完电话就哭得泣不成声。

成年人的崩溃，不能歇斯底里地大哭一场，不能旁若无人地大喊大叫，不能不管不顾地肆意破坏，要讲性价比，要排顺序，要分场合，要算时间，要找掩护，要面不改色，要小心翼翼，要悄无声息，要徒手接下当下的不如意，要外露美好，但苦胆自品。

因为要顾虑的东西太多了，因为骄傲不允许，因为不想让人担心，因为不想让自己的负面情绪影响到无关的人。

因为不想跟人解释，说了也没有人会真的理解；因为不想让人看到自己哭，那样看上去很弱。

因为周围的人只想看到一个合格的、称职的你，一个能融入集体、能照顾好自己的你，而那个丧气的、易燃易爆的你是不应该存在的。

于是，你的情绪会小心翼翼地排放，精打细算地缓解，但你面上始终是风和日丽，甚至还能跟旁人笑谈今天的明星八卦和刚吃的羊角蜜瓜。

你的崩溃不会再当众炸出烟花了，而是默不作声地烧成了灰。但实际上，你难过了很久，你忍得很辛苦，甚至是在跟人嬉笑的同时，你在内心号啕大哭。

你清醒地知道，人可以用微笑把自己的脸蒙起来！

5 /

网络上有一个新鲜的词汇叫"懂事崩",大致的解释是:成年人的崩溃不能随心所欲,不能当众表露,不能影响工作和生活,只能在确保第二天还能正常工作、正常作息的深夜里独自崩溃。很懂事,也很无奈。

是啊,谁还不是个在夜里崩溃过的俗人呢?

你可能看起来很正常,也很热心肠,做人懂事,活得体面,讲起道理来也头头是道。

可是只有你自己知道,在这副笑靥如花的皮囊后面,一个郁郁寡欢的灵魂有几千个伤口在同时滴血。

为了赶上地铁,你一路狂奔,却突然被安保人员要求喝一口水,结果错过了这一班,而下一班需要再等九分钟,此时距离你迟到就差十分钟了。

加班到深夜,你想打车回家,App 上显示前面排队人数已过百,你站在路边等,风一直往你脖子里灌,眼看就要大雨倾盆了。

下了车,面前是万家灯火,却没有一盏灯是为你而亮;一整天的疲惫不堪,也没有一个人会为你熨帖抚平,而再过四小时,早起的闹钟又要响了。

考试的压力,工作的力不从心,感情的入不敷出,生活的颠沛流离,孩子的叛逆……麻烦不断的日常将你埋葬,每天醒来的第一件事是想睡觉，每天出门的时候就已经电量不足了。

你没有变懂事，只是更能忍了。你看起来成熟稳重了很多，但实际上只是学会了面无表情而已。

于你而言，生活就像一连串暴击在循环。但是，肩上的责任不会因为你崩溃了就自动终止。

在无力改变现状之前，你先要试着接受：接受不如己意，接受无能为力，接受现实的残酷，接受人心的复杂，接受努力了却事与愿违。否则的话，一切你对世界硬着脖子做出的苦大仇深和负隅顽抗都不过是虚张声势。

然后，你要试着去做点儿什么：认真洗脸，认真吃饭，认真读书，按时睡觉；试着放慢节奏，慢点儿走，慢点儿吃，慢点儿说；不在人前矫情以求关注，不再四处诉说以求宽慰，而是学会了独自面对，然后尽量把眼下的生活过好。

你要用"做好某件事"来拯救自己的情绪，而不是试图用一种糟糕的情绪去压制另一种糟糕的情绪。

这样的你，不会因为旁人的冒犯而怒不可遏，不会因为他人的恭维而喜形于色，不会因为别人的质疑而浪费时间自证清白，也不会因为某人的刺探而毫无顾忌地袒露所有。

想通了，就意味着你还是你，只是在某些场合表现出来的，尽可能是自己在乎的人可以理解、可以接受的那个你。

实在想不通，就去看看山川与湖海，毕竟地球它老人家已经几十亿岁了，于它而言，人人都是小宝贝。

希望你脸上永远都看不出被生活为难过的痕迹，也希望你心里的海洋早日风平浪静。

03 祝世界继续热闹，
　　祝你还是你

1 /

从小在南方长大的何先生，十九岁那年去北方上大学。他当时的普通话很糟糕，因为"l"和"n"不分，前鼻音和后鼻音不分，没少被同学笑话。

同寝室的人都忙着玩，他忙着合群。

别人看篮球赛，他也跟着看，非常努力地记每个球星的名字和特点，只是为了在别人闲聊的时候插得上嘴。

别人看英超比赛，他也熬夜看，还学别人把球星的照片当头像，跟着别人在球队获胜之后大声怪叫。

别人追星，他也跟着追，生活费本就不多，他节衣缩食，只是为了和别人一样慷慨地为偶像打榜。

别人玩游戏，他也没日没夜地练习，只是为了能成为一个合格的"战友"或者"对手"。

终于，在和大家一起熬了几个通宵打游戏、醉了几次聚餐、逃了几次课、挂了几门科目之后，他如愿地同大家称兄道弟了。

只是毕业之后，他们几乎没有任何联系。

对不擅长交际的人而言，闯进人群就像是自取其辱。

他人生最大的一次蜕变，是慢慢意识到：孤独是好事。

他一个人旅行，一个人坐地铁，一个人看电影，一个人吃火锅，一个人在咖啡馆里坐一整天，一个人从城市的东边搬到西边，一个人在空荡荡的房间里从早学到晚，不管多么难过的事情，他都可以自己消化。

比起十九岁时被人嘲笑发音问题，毕业之后的他亲历的生活显然要孤独得多：比如，那段看不到希望的异地恋，那份看不到前途的工作，那些看不到尽头的加班，以及无数次在无聊的聚会中内心的呐喊："怎么还不结束啊！"

但是，他不会再像第一次离家出远门那样渴望合群了，也不会再责怪自己为什么要一个人跑到这么远的地方。

他也曾怪过这个世界不懂自己，但后来才慢慢意识到，是自己不想让这个世界懂。

他看起来天性乐观，但其实骨子里是悲观的；他把什么都看得很开，同时又把自己裹得很紧。

他绝大多数的安全感和舒适感都是源自远离人群。但如果不得不走近人群,他就会对所有人都客客气气,仅仅是为了和所有人都保持足够的安全距离。

别人在办公室里闲聊,在办公桌上摆弄花草,他只想在自己的周围种上芭蕉。

对喜欢独处的人来说,跟三五个聊不来的人待一小时,就需要花三五个小时的独处来排毒疗伤,来平复与人交往后的疲倦,来恢复与人交往时耗费的精力。

人和人是不同的,有的人是把"跟人插科打诨、夸夸其谈、胡吃海喝"当休息,有的人则是把"一个人安静地待着"当休息。

所以,不要动不动就问"你一个人待在屋里干什么呀"——在休息呗。

独处的好处非常明显:你不必因为迁就谁而迷失自己,也不必因为坚持自己而得罪他人。

独处的心态可以很酷:"我不是剩下来的,只是不想选择;我不是落单的,只是不爱等人。"

独处的形式也非常多样:可以是四下无人时肉身的独处,也可以是人声鼎沸时心灵的放空。

所以,不善言辞就用心感受,不擅交际就诚实做人。实力不够的时候,独善其身是一种美德。

2 /

　　家里的网速很卡,演唱会都卡成了诗朗诵,左姑娘也不恼火,一边敷着面膜,一边用奶锅炖红豆沙。

　　在生人面前,她总是一副"我跟你不熟"的姿态,微信里聊天也是冷冰冰的。但是,如果你跟她混熟了,你会发现她非常好玩,尤其是笑起来,五官像是在扭秧歌。

　　她妈妈经常变相地敲打她:"我怎么觉得全世界都在订婚、结婚、生孩子,只有我在忙着上礼?"

　　她乐呵呵地说:"好巧哦,我也这么觉得,我甚至怀疑丘比特是不是把我的箭拿去烤串了。"

　　有个她不喜欢的男生想追她:"要不跟我谈个恋爱吧,你一个人走路有什么意思?"

　　她认真地回复道:"一个人走路很有意思啊,想做什么就去做,不用担心同伴不喜欢;想去哪儿就去,不会因为没人陪就放弃。每次想到这些,我就想单身活到五百岁。"

　　我曾问过她:"真的打算单身一辈子?"

　　她摇摇头说:"我只是觉得一个人的生活很自在,想睡就睡,想吃就吃,穿着睡衣随处走,碰到趣事自个儿乐,看谁不顺眼就假装看不见。晚上八点洗澡也行,深夜十二点泡澡也可以,看当时的状态;洗完澡马上睡觉也行,继续工作也可以,看当时的精力;休息日是收拾房间还是瘫坐半天，看当时的心情。"

选择独处，并不是失去了与人相处的能力，而是没有了与人逢场作戏的兴趣。

选择独处的人并不把合群摆在生活的首要位置，他没那么需要和人说话，也没那么需要点赞之交。他只想真实地活在人群中，行使"不热闹"的权利。

就像是灵魂暂时打了烊，不再对外营业了。

也许他也向往过人群，但是跟独处比起来，强打精神去和一些聊不到一块儿去的人尬聊，更让他难受。

也许他也渴望过集体，但是比起过着被人左右情绪的生活，他更喜欢无人问津的日子。

他知道自己的喜欢和厌恶，所以不会被人左右，不会被什么潮流裹挟，不会被什么现象内卷，更不会表面笑脸迎人，内心却如履薄冰。

他无暇去附和这个世界，所以不会花些不明不白的钱，结交一些不三不四的人，说一些不痛不痒的话。

他沉默是因为他突然意识到没有交流下去的必要了，他不理人是因为不想把有趣的事物分享给敷衍的人。

他独来独往是因为他知道有些事只能一个人做，有些关只能一个人闯，有些路只能一个人走。

他只是一个不愿意被人粗暴拆开的礼物，他那颗复杂难解的心只是在等一个耐心打磨钥匙的人。

所以，如果你看到某某不合群，希望你能提醒自己一句："也许他不是不喜欢社交，只是没兴趣认识我。"

如果有人说你不合群，也希望你能夸自己一句："没有委屈自己变成别人满意的样子，我真是太棒了。"

3 /

上大二的薛姑娘没头没脑地给我发了一段话："我有时候会觉得自己是一个迷了路的外星人，有时候非常想要融入这热闹的人间，有时候又非常渴望接收到来自外星人的救援信号。"

我问她发生了什么，她说被室友挤对了。

薛姑娘的性格很内向，在学校里一直是独来独往，关键是她很享受这种状态。

当薛姑娘数次婉拒了室友们的热情邀约之后，她们"识趣"地再也没叫她了。

然而就在今天下午，上完自习的薛姑娘回到寝室时，室友正戴着耳机跟男朋友聊天，没看到薛姑娘回来了。

聊着聊着就听到她描述大家的行踪，"A下楼散步了,B在洗头发",

说到薛姑娘的时候，室友先是叹了一口气，然后狠呆呆地说："她啊，瞧不起我们这些底层人民，不知道搞什么去了。"

薛姑娘问我："为什么交谈变成了默认的正常现象？为什么外向才是榜样？为什么不爱说话就不能被体谅？为什么人们总是鼓励内向的人多表达，鼓励喜静的人走出舒适区，却很少有人劝外向的人闭嘴，从而让那里变得舒适？"

我认真地敲了一段话给她："如果拥有令人吃惊的想法的是你一个人，如果怀揣远大抱负的是你一个人，如果想去见识更广阔天地的是你一个人，那么彷徨无助和不被理解的，也注定是你一个人。她们首先会看不惯你，接着会看不起你，继而会嘲笑你，然后会打击你，但最后会输给你。"

人越是明白，越是有追求，往往就越孤独。你对自己的要求越高，能够理解你的人就越少；你对生活的认识越深刻，和你产生共鸣的人就越少。

还是那句话：真心想要做点儿什么，就要假装没有观众。

慢慢你就会发现，在众人满足现状时还能抬头望路的那个人，通常也是在众人束手无策时知道出口在哪儿的那个人；在热闹当中能够平静做事的那个人，通常也是在黑暗降临时能够举起火把的那个人。

4 /

为什么很多男人在停完车之后，喜欢在车里多待一会儿？

那是因为在关上车门之后，车里的世界变成了独享的空间，你可以是个狂热的球迷，是个疯狂的幻想家，是个看谁都不爽的愤青，也可以是个什么都不想的幼稚鬼……

但是，当你打开车门，你就必须是一个称职的丈夫，一个合格的父亲，一个听话的儿子，一个及格的伙伴；你要考虑爱情的供养、子女的教养、老人的赡养、柴米油盐的蓄养，以及人情世故的修养。

为什么很多女人在当妈之后，喜欢在厕所里多待一会儿？

那是因为只有在这个狭小的空间里，你不用强颜欢笑，不用百般周全，不用去顾及所有人的感受；可以不当超人，可以只是一个小女生。

也只有在这个短暂的闲暇中，你可以让紧绷的神经舒缓一下下，可以给情绪和压力找一个出口，可以多攒一点儿力气去面对家庭的鸡零狗碎和生活的连环暴击，可以为自己的崩溃和体面留一点儿回旋的余地。

成年人的孤独是：难过的事情找不到人倾诉，开心的事情又找不到人分享。置身于热闹的人潮之中，孤独得就像是被 P 上去的。

你分享到朋友圈的音乐，就像是递出去的另一只耳机，可惜没有人想听。

你晒在社交软件上的生活，就像是单身狗发出的求偶信号，可惜没什么人想接。

你掌握了蒸鸡蛋糕和炖牛肉的诀窍，可惜没有人与你一起品尝……

除此之外，麻烦不断的婚姻，不能如意的职场，渐行渐远的朋友，上蹿下跳的孩子，日渐老去的父母，无法停止的遗憾，以及难以预知的未来……它们像俄罗斯方块一样从天上砸下来，你手忙脚乱地应对，最后难免还是会被淹没。

你总在"想倾诉"和"觉得没必要"之间徘徊，在"好想有个人陪"和"谁都别理我"之间反复。

你晚上质疑全世界："怎么没有人关注我，我好孤独。"白天又拒人千里之外："都离我远一点儿。"

人头攒动的热闹街头，每个人都面露微笑，却不知道要等谁。

推杯换盏的聚餐，大家都高喊"友谊万岁"，却没有谁可以交换秘密。

偶尔也会拿"猛兽总是独行，牛羊才成群结队"来替自己"解围"，但又清楚地知道：自己根本就不是什么独行的猛兽，更像是一只被同类抛弃的牛羊。

但我想提醒你的是：你的孤独其实是在等待一个契机，一个可以变成礼物的契机!

比如,在你认清了生命中那些凄凉的高地和冰冷的深渊都只能靠自己去熬的时候;

在你主动把自己的心拎出来,任凭生活刀削斧砍,直到它能够承受巨大痛苦的时候;

在你经历了无数的低谷和连续的暴击,依然没有认输,甚至下定决心要跟生活死磕到底的时候。

然后,你的孤独就会改头换面。

没有人打搅的周末,你终于有空看了一场蚂蚁搬家;没有熟人在场的那部电影,你肆意地哭得梨花带雨;没有人留灯的那些夜里,你埋头苦干,悄然蜕变。久而久之,你虽内向但不呆滞,你虽寂静但有力量。

那么你将拥有的,是特立独行却不被孤立的魅力,是与世无争却有迹可循的野心,是我行我素却稳扎稳打的韧性。

单枪匹马又怎样?一腔孤勇又何妨?

与其热热闹闹地引人注目,不如在人群中做一个安静的、真实的、努力的人,不故作喜感,不卖弄聪明,不心存侥幸,在世俗的言论中守脑如玉,并随时能从热闹中全身而退。

一个人生建议:享受孤独,自有主见,经常反思,以及不要炫耀自己做到了前面三点。

04 自命不凡不等于你很优秀，
瞧不起并不会让你了不起

1 /

我有个朋友……算了，是我自己。

我高中的时候爱写诗，但根本就不知道什么是诗，只是喜欢把一句"是个人就能看懂的句子"写成"鬼都看不懂的样子"。

我误以为那就是才华，一看到校园里张贴了征文比赛的大海报，我就写诗投稿，但从未获奖。我就跟人抱怨："这评委的审美也太差了吧！"

投了三四次之后，我才发现征文海报底下有一行小字："题材不限，诗歌除外。"

高考考得不理想，我也不害臊地认为："只是发挥不好而已"，所以大学的前两年，我过得很丧，也很自负。

看见有人整天谈情说爱，我就想"真没前途"；

看见别人到处拉票竞选班干部，我就想"真庸俗"；
看见别人拼命在老师面前表现自己，我就想"真会巴结"；
看见别人整天捧着手机，我就想"真的废了"。

我沉浸在自己臆想出来的"我独来独往是因为我比大家优秀"的幻觉里，每天写着充满偏见的批判文字，以为这是独立思考的体现；我说着没有现实可能的豪言壮志，以为这是有抱负的表现。

听了几句烂大街的至理名言，我就误以为自己已经看透了人心；看了几个糟糕的社会新闻，我就觉得自己读懂了人性。别人谈感觉的时候，我故意去强调理性；别人讲道理的时候，我又刻意强调情怀。

但凡是大家推崇的，我一定厉声反对；但凡是大家都喜欢的，我一定表示不屑。

总的来说就是，明明是自己被社会排斥了，却偏要摆出一副排斥社会的样子来。

那个不可一世的我，像极了一个刚刚学会骑独轮车的猴子，在少得可怜的观众面前高呼"我是丛林之王"，以期有人能施舍半根香蕉。

那个十分自负的我，像极了一枚青涩的果子，故意让自己烂掉，然后逢人就吆喝："你们快看，我多成熟！"

自命不凡确实能让人产生"我就是比别人优秀"的幻觉，但丝毫没有改变"我其实什么都不是"的事实。

成长最要紧的任务是：接受自己的普通，然后努力与众不同，绝不是装出一副"我很特别"的样子，以此来粉饰自己的普通。

真正优秀的人，从不把优越感挂在脸上。

他教会了别人不知道的事情，却不让人觉得自己是个笨蛋；他指出了别人需要注意的问题，却不会让人觉得难堪。

他随时随地都有资格骄傲，但处处谦虚；他不张扬，却自带光芒；他有故事，但不会夸夸其谈。

他善于照顾周围人的情绪，懂得倾听，不会总想抢着表达什么；他有自己的坚持，但不随意批判别人，更不会因此让人不舒服。

看到有人虚度光阴或者自欺欺人时，他不会鄙视，而是会反问自己："我会不会也是那种人，而不自知呢？"

看出了别人的可笑之处，他不会嘲笑，而是会警醒自己："那些比我优秀的人是不是也在这样看着我？"

看到和自己年龄相仿、起点相似的人却拥有了更好的事业、更高的社会地位、更完满的爱情，他不会简单地将其归结为运气，而是很清楚："别人肯定是在某些方面比我做得更好。"

与其把精力浪费在"谁都瞧不起"上，不如亲自去跟眼前的麻烦过过招；与其装腔作势企图骗过别人，不如沉下心来狠狠修理自己。如果搞定了麻烦，你就会觉得"麻烦不过如此"；如果被麻烦搞定了，你就能意识到"自己不过如此"。

2 /

有个大三的女生给我发私信,说她今天撑了一个学长,撑得超级爽,并且给我发了一张撑人的截图。

学长:"我是你的副部长,你这文件直接就发过来了,连个招呼也不打,你懂不懂礼貌?"

她:"哦,是副部长啊?好大的官哦!"

学长:"你什么意思啊?"

她:"意思是,我是你奶奶。"

学长:"你是不是有病啊,等着全校通报批评吧!"

她:"你要是不全校通报批评我,我都瞧不起你!"

在一个小圈子里,你要尽可能地掐死"我很了不起"的优越感,这样你会很轻松,你周围的人也会很轻松。

大概是因为自身的实力无法在现实中获得足够的优势,所以只好让自己在气势上立于不败之地。

大概是因为内在的见识和品德无法让人信服,外在的形象与气质又不够惊艳,所以只剩下阴阳怪气这一条路来凸显存在感。

可问题是,身处一家优秀的公司和自己很优秀,是两回事;身居要职和自己很重要,也是两回事。

很多时候,你只是把平台的价值误以为是自己的价值,把权力的威力误以为是自己的能力,你演的不过是现代版的"狐假虎威"罢了。

这就好比说，藏书多不等于知识丰富，不然书柜都是博士。

如果你的能力配不上你的高调，同时你的度量又容不下旁人的非议，那么你就注定会是一个无限接近笑话的、在哪儿都让人觉得尴尬的存在。

所以，就算你是真的觉得自己很牛，牛也要在心底，既不装，也不吹。

世界上最平凡的想法莫过于"我是一个不平凡的人"，而抱着"我不想成为街上一抓一大把的庸人"这种想法的人，街上真的是一抓一大把。

有什么可了不起的呢？

所以我的建议是，不要动不动就把头衔、学历、出身、阅历挂在嘴边，如果你真的很厉害，那就做点儿成绩出来，有目共睹远胜过振振有词。

3 /

Z 小姐经常在朋友圈里喊大家给她介绍男朋友，就像一个广告位在常年招租。而她本人则像是摆在货架上的滞销产品，长年累月都无人问津。

她的择偶标准近乎苛刻：

她的父母是高中老师，就要求对方的父母也必须工作稳定，否则会成为婚后生活的负担；

她毕业于211，就要求对方是985，否则影响后代的智商；

她身高一米五几，就要求对方一米八以上，否则影响后代的身高；

她的长相一般般，就要求对方必须好看，否则影响后代的相貌。

用一句话总结就是：她的优势，对方要和她般配；她的劣势，对方要和她互补。

有胆子很大的朋友给她介绍了高富丑的，她说没感觉；介绍了矮富帅的，她说没感觉；介绍了高穷帅的，她还是没感觉。

终于碰到一个高富帅的，她是有感觉了，但对方一看她的相片就说："不好意思，我对这样的女生没感觉。"

一怒之下，她发了条朋友圈："现在的男生都瞎了吗？"

还真不是因为别人都瞎了，正相反，是谁都没瞎。

人性的丑陋之处在于：凡是不愿意看别人长处的人，总是一眼就能看出别人不如自己的地方。

对自己没点儿数的人，要么是在单身的路上"无知又无畏"，要么是在脱单的路上"纠结又颠沛"。

跟谁谈恋爱，就觉得是在便宜别人；跟谁结婚，就觉得是对生活妥协。

追过一个嫌弃他穷的姑娘，于是他嘴里所有的女生都物质；被一个男生辜负过，于是她嘴里所有的男生都靠不住。

其实，这类人并非不知道世界上有优秀的、靠得住的、同时能与他融洽相处的异性存在，但他刻意强调异性的不美好，是因为他很清楚：美好的爱情太难了，成本太高了。要想与一个人携手步入美丽的黄昏，就得努力把自己活成曼妙的晨曦。

而这意味着：自己必须自律、节制、独立，必须学会付出、懂得理解、保持上进，必须变成一个值得被爱的人。

他不愿意这么辛苦，所以干脆就说"都那么烂，我不稀罕"。

我的建议是，不要幻想生命中能出现一个完美的人，然后你有机会以身相许。你要知道，只有当自己配得上别人时，你才可以说自己是"以身相许"，否则更像是"恩将仇报"。

当然了，如果你不在乎自己嫁不嫁得出去，同时又想显得自己很拽，那么你可以对外宣称："娶我的话，彩礼十亿元。"

如果真有人当这冤大头，你就当自己中了彩票；如果没有人来，那你就可以理直气壮地说："是因为彩礼太高了，不是因为我太糟了。"

4 /

再讲两个小故事，一个关于狮子，一个关于老虎。

鼬鼠找狮子决斗，狮子拒绝了。

鼬鼠就问狮子："你不是传说中的森林之王吗？怎么会怕我？"

狮子说："这跟怕没关系。如果我跟你决斗了，你就可以得到曾与森林之王比武的殊荣；而我呢，以后所有的动物都会耻笑我竟然和鼬鼠打架。"

鹿优哉游哉地吃草，结果被老虎抓住了。

在被吃掉之前，鹿对老虎说："你不能吃我！"

老虎愣了一下，问："为什么？"

鹿自信满满地说："因为我是国家二级保护动物！"

老虎大笑："总不能为了二级保护动物而让一级保护动物饿死吧！"

弱者常常有一堆奇怪的逻辑：因为我不懂，所以是你说错了；因为我没见过，所以是你在撒谎；因为我不怕你，所以是你怕我；因为我有勇气，所以我比你厉害。

基于这种逻辑，什么都没做的人会好意思去笑话做得不够好的人，不必对结果负责的人总喜欢指点身在其中的人，自己什么都不是的人敢去鄙视功成名就的人。

而人性往往如此，越是没有能力就越觉得自己什么都可以做，越是能力出众反倒越知道自己有哪些是不能做的，越是博闻强识就越知道心怀敬畏，越是半知半解就越擅长夸夸其谈，越是一无所知就越喜欢口无遮拦。

听说女神有了男朋友，就酸人家："有什么了不起的，不就是比我高，比我帅，比我有钱吗？"

看见别人吃穿用都很阔绰，就愤愤不平："没有你爹，你早就饿死了。"

眼看着同事比自己升得快、赚得多，就心有不甘："就知道拍马屁，给领导送礼请客谁不会啊，我才不屑于做那种事！"

知道一起长大的小伙伴买了房子，就不屑："房价早晚要跌的，到时候你哭都来不及。不如像我这样租房子，想住哪里住哪里。"

实际上，你根本就没有什么独特之处，你也没有拿得出手的本事，你只是想顺着鄙视链爬到更高的地方，仅此而已。

人与人是不一样的，有些人的底气来自实力，有些人的底气来自无知。

知识越贫乏，他相信的东西就越绝对，因为他根本没有听过别的观点。

于是，老年人相信一切，中年人怀疑一切，而年轻人什么都懂。

5 /

在某个颁奖典礼上，罗翔教授说了这样一席话："当我拿到这个奖时，它就已经成为过去式。我经常问自己，罗翔，你那些自我感动和感动别人的言语，是不是只是一场表演，是不是巧于辞令和自我欺骗，你能不能有相应的能力把它彰显出来，所以我真的希望有一种力量能够帮助我，诚实地面对自己，认识到自己的局限、自己的愚蠢、自己的幽暗。"

这世上最难得的，莫过于烈火烹油、鲜花着锦时的清醒。

在现实中，自带优越感的人随处可见：

老友重逢，如果有人告诉他当初抛弃他的前任如今的悲催现状时，他隐隐约约就会显露出一丝幸灾乐祸，好像当初那个人如果没有抛弃他，混得就能更好似的。

同学聚会，如果有人说起当年校花如今的不幸生活，他就会唏嘘不已，好像校花当初如果跟了他，过得就会比现在幸福似的。

可是，等他真的开始做某件事的时候，就会意识到：出书一点儿都不容易，大城市一点儿都不好混，老家的公务员也没那么容易考上，平凡的自己也不会因为创业了就变得不平凡，大概率只是换了个地方继续平庸而已……

这就好比说，每一个失败的产品背后，都曾有一屋子的人认定那是个绝无仅有的好点子。

类似的还有：

看别人的书卖得不错，翻了两页就大声嚷嚷："笑死我了，就这水平，明天我也出一本去！"

看别人的视频挺火，刷了几个就觉得："这也能火，明天我也拍几个去！"

看别人创业赚钱了，还没了解清楚情况就到处说："赚钱这么容易，明天我也去。"

看别人回老家当公务员了，就不屑地说："等我在城里混不下去了，也回老家考公务员算了。"

就好像一夜成名、一夜暴富是手到擒来的事情。

嗯，年轻一点儿都不可怕，可怕的是，人都一大把年纪了，想法还是这么"年轻"。

6 /

不要仅凭只言片语就在网络上指点江山了。

你不过是穿着睡衣忧国忧民，隔着屏幕行侠仗义，你的言论跟正义隔着几个太平洋的距离，你的所作所为更像是为了宣泄自己的八卦欲望而一吐为快罢了。

不要用你优越的出身去贬低那些不受老天眷顾的人。

不要嘲笑别人的疤，那只是你没有经历过的伤；不要瞧不起别人的穷，那只是你没有吃过的苦。

如果你提供不了帮助，至少不要让人觉得无助；如果你做不到让人快乐，至少不要让人看见你就烦。

不要用你的喜好去鄙视别人的喜好。

你擅长种黄瓜，他擅长种西红柿，你并不能因为黄瓜种得好就觉得高人一等。

你对咖啡了解很多，他对电影研究很深，你不能因为能冲出一杯好咖啡就觉得比别人更了不得。

以自己的专长去批判别人的外行，这既不公平，也不道德。

不要以理性的名义去纠正感性的人，不要什么事情都要争个输赢。

说"我不知道"其实非常轻松，承认"我能力有限"其实非常快乐，不会有人因此而看扁你。

你大可以笨拙一点儿，宽容一点儿，少用脑袋去指指点点，多用心去推己及人。

交流的目的在于交换信息、意见和感受，而不是为了证明自己不蠢。

不要打着"责任感"的名义去指导专业的下属。

如果你自身没有足够的专业能力做支撑，那么你事事参与的"责任感"就是下属的灾难。你一旦习惯了在细枝末节上掺和进来，那么真正的专业人士就不得不放弃他们的专业性，非常痛苦而且无奈地配合着你的业余表演。

那后果自然是，最终的结果没有人满意，最终出的问题没有人担责。

不要在年轻人面前倚老卖老，或者举着"我是过来人"的旗帜对别人胡乱指挥。

不要每次谈及自己的名校光环就眉飞色舞、吐沫横飞，不要每次介绍自己就大谈特谈你曾经去过的公司，共事过的牛人，或者曾经拥有过的职位、谋划、野心……

说到底，你只是拿着自己在时间的长河里打捞的东西去讽刺那些刚拿起网兜、正兴冲冲跑过来的人，这是既无趣又傲慢的行为。

世人都在问："燕雀安知鸿鹄之志哉？"其实吧，燕雀不太想知道，反倒是有些鸿鹄总想让燕雀知道。

真正值得骄傲的，是从阴暗的人与事上吃了暗亏之后，却依然不屑于成为那样的人；

是不断碰壁、不断跌倒，但始终没有逃避责任；

是遭受过人际交往中的失望或者背叛，却依然敢爱敢恨。

是因为见多识广而生产出好的观念，因此解决了别人搞不定的问题，拓宽了别人想知道却无从知道的见识，而不是扬扬自得于自己消费了什么好东西，去过了什么好地方，认识了什么牛人。

是身居要职却依然谦逊有礼，是身在高位却敢坦然地承认自己的局限，而不是大义凛然地、对什么都能指点江山地胡咧咧。

我的建议是，无论你对自己多有把握，最多只能自信到八十分，另外的二十分要留给对命运的敬畏。

毕竟,声名、地位、财富并不是被谁最终拥有了,最多也不过是与它们片刻并肩。

所以,不要急,没有一朵花,从一开始就是花;也不要嚣张,没有一朵花,到最后还是花。

05 如果活着不是为了快乐，
　　那么长命百岁又有什么意思

1 /

一个男人发现房子着火了，眼看抢救无望，于是拉着一家人和正在熊熊燃烧的房子合了个影。

一个因为化疗而掉光了头发的女生，每天早晨都会换上好看的衣服，戴上配饰，从头到脚精心打扮。这样做仅仅只是为了下楼散个步，有人问起原因，她说："不被看好的时候，更要好看。"

一个听力出问题的大爷从来没有因为听力问题跟谁大喊大叫，他的秘诀是："如果听了三次还没听清楚，就微笑着假装听懂了。"

一个七十多岁的老太太谈了一场新恋爱，为此还专门去请教比她晚生半个多世纪的小女生如何选口红、如何穿搭。结果是，她的裙子越穿越短，鞋跟越穿越高，还背着家里人偷偷去拉了个皮。

一个历经磨难的老爷爷在弥留之际把一家人喊到身边，交代完事情，就闭上了眼睛。等大家哭成一片的时候，他突然睁开了眼睛，哈哈地对大家乐："逗你们玩呢，看谁没有哭。"说完就走了，再也没回来。

这世界就像一家旅馆，我们只是来借住的客人，最长不过百年而已，时间一到，就得走了。

所以，没做过的事情要抓紧时间做一下，喜欢的东西要努力争取一下。

暂时没办法，就静下心来攒本事；暂时得到了，就好好珍惜。

暂时受了困，就再绞尽脑汁去想办法；暂时在吃苦，就学着苦中作乐。

如果每个人都能够把人生体验当成一种宝贵的财富，那么不管开心还是难过，美好还是糟糕，我们都可以视为"进账"，人生就容易释怀得多。

2 /

陈妮属于那种三千年一开花，三千年一结果，再三千年才成熟的吃货。

在她的眼里，物质世界可以分成两类：能吃的和不能吃的。而不能吃的，她认为最好的用途就是做成餐具。

她每天的信念都是一样的——脑子装不下的东西，就用肚子装。

她每天的愿望也是一样的——希望体重能"每满一百减二十"。

为了正宗的沙县小吃，她真去了一趟沙县；为了吃到正宗的兰州拉面，她特意跑了一趟甘肃。

别人的假期旅行都是围绕景点来展开，她只会为了吃的做安排。

毕业的第五年，大学寝室的四个人在群里聊近况。

一个说："我终于脱单了。"

一个说："我下个月结婚。"

一个说："我要当妈妈了。"

而她说："我现在一个人能吃完一整块比萨。"

几个人都要笑疯了，然后七嘴八舌地劝她快点儿找对象："你再拖就砸自己手里了""对啊对啊"……

她撇了撇嘴巴说："白素贞一千岁才下山谈恋爱，我急什么？"

失恋了就拉着朋友去吃大餐，把嘴巴塞得满满的，就像一只鼓着腮帮子的松鼠，边吃还边跟同伴强调："不用安慰我，可怜这种东西与其挂在脸上，不如拌饭吃了。"

为了证明自己真的没事儿，满嘴油还吃着甜筒的她特意吟诗一首："我是在大海里自由徜徉的糖醋鱼，你是在天空中恣意翱翔的麻辣翅根。某个午后，你飞到水面问我：我们之间，究竟是谁比较下饭？"

有人在言语上冒犯到她了,她也不会发火,而是笑呵呵地问人家:"你出生后,是不是被你爸爸扔上去三次,但只被接住了两次?"

提起曾经伤害过她的人,她也不说别人的坏话,而是摆出一脸的哀伤,一个字一个字地说:"哎,我大概是太想念他了,每次唢呐一响,我就觉得走的是他。"

被妈妈逼去相亲也不生气,还在朋友圈里讲笑话:"昨天相了两个亲,一个有房,但太矮了;一个又高又帅,但是没有房子。我纠结了一整晚,结果第二天媒婆回话了,说两个都没看上我。"

骑平衡车摔了一跤,两个胳膊肘都磕出血了,疼得直掉眼泪,之后逢人就像展示奖状一样展示自己的伤疤,还颇为得意地讲:"你看看,摔得多惨,这种机会可不是人人都有的,成年人每天活得那么小心,哪有机会摔得这么重?"

有次去拜访一位特别烦人的客户,客户频频向她举杯,她就从背包里掏出一盒酸奶,一脸诚恳地说:"如果我今年二十一岁,我可以跟你吹八瓶江小白,可惜我现在才一岁零二百五十六个月,只能勉强喝两瓶酸奶,喝急了还会打嗝。"

客户笑得都要趴地上了。

如果别人说她长胖了,她就会底气十足地回应:"可爱之人,必有可胖之处。"

然后故意顿了顿,再强调一句:"胖人九分财,不富也镇宅!"

自己照镜子的时候却会喃喃自语:"啧,你说好端端的一个人,怎么说胖就胖了呢?"

说完又对着镜子龇牙笑:"何以解忧?唯有烤肉!"

是的,只要还能吃得下去,人生就没有过不去的坎儿。

吃饱了就会身心愉快,会神经抖擞,会不把顽固的事实放在眼里,会觉得自己有本事跟彪悍的人生开个玩笑!

成年人的世界有太多的不如意,所以要加倍地珍惜它偶尔流露出来的美好。

比如,在紧张工作的间隙来一杯可口的咖啡,在盛夏忙得汗流浃背时来一块冰镇西瓜,在孤独烦闷的夜里去楼下超市买一支草莓味的冰激凌……

同样值得庆贺的还有,你切的土豆丝就是比别人切的细,你调的蘸料就是比别人调的好吃,你拍的照片就是比别人拍的更细腻,你总能在刚刚好的时间夹起涮得刚刚好的毛肚,你能确保每次吃撒尿牛丸都不会烫着嘴巴,你能用筷子从火锅里夹起翻滚的鱼丸……

把自己身上这些细小的闪光点擦亮了,再放大,你就能挡住生活的无情碾压。

把生活中的那点儿小美好记牢了,在难过的时候拿出来花,你就能跟生活兑换一份大号的快乐。

人生是一场看不见终点的长跑，也许你起跑落后，天赋平平，运气不佳，但是只要你还在继续往前跑，你就不算输。

就算兔子根本不会傻到在比赛的时候呼呼大睡，就算乌龟依然会一次又一次地输掉比赛，但还能怎么办呢？继续爬呗。

快乐的活法是：知道自己要什么，以及不要什么；知道自己该爱谁，以及该爱谁谁。

3 /

老罗宣布六亿元的债务已经还了四亿元的时候，朱赫说自己强多了，"我十屁股债还了九屁股，还剩一屁股"。

说完了自己嘎嘎地乐，脸上的褶子瞬间从下巴一直连到眼角外侧，像一条新挖的运河，成功地全线贯通。

朱赫的命很苦。父亲早年受了伤，从他记事起，就一直卧床不起，一家人靠母亲给人打零工勉强度日。

他上学靠的是助学贷款，生活费全靠自己打工。刚毕业独自去了广州，为了能省几百块钱的房租，一个人住在发生过凶案的"凶宅"里。

后来因为不愿意跟龌龊的领导同流合污，他一气之下选择了裸辞，结果不得不和五个陌生人挤在二十平方米的房间里，一住就是大半年。

最惨的时候，身上就剩二十块钱，挺了整整一个星期。每天买四块饼分三顿吃，还不敢告诉任何人。

面对生活的诸多刁难，他是哑巴吃黄连，一口一个。

在没人的路段，他走路会像小朋友一样蹦蹦跳跳，但突然蹿出来一个人，他马上就正经起来。

朋友抱怨地铁修得太慢了，他乐呵呵地说："大概是拿掏耳勺挖的吧。"

带侄女去动物园，侄女问："为什么这些动物跟《动物世界》里的不一样呢？"他说："因为它们在上班。"说完自己笑得停不下来。

闲下来的时候，他就去钓鱼，钓不着也不烦，他说："鱼什么时候来，那是鱼的事。"

连续加了一个星期的班，大家都崩了好几次，他却还在宽慰大伙儿："不想干也得干完，不如快点儿干。都想开一点儿吧，起码大家现在还有头发可以掉。"

和女朋友吵架，他就提议"搁置争议"，然后两个人互换角色，把刚才吵的事情再演一遍，结果会因为对方拙劣的演技而笑出鹅叫。

乐观的好处就是拥有把糟糕的事情变得没那么糟糕的魔法。

如果一个人一直快乐，那么他多数是装出来的；但如果一直不快乐，那么他多数是自找的。

过日子的你，就像动画片里的喜羊羊，就像《西游记》里的唐三藏，几乎每一集都会被抓，但每次都没有被吃掉。

你拿这样的生活没什么办法，但只要你不自虐，不敷衍，不露怯，生活其实也拿你没办法。

慢慢你就会明白，"难过"的意思不是"这也太难了，我实在是过不去"，而是"难是难了点儿，但它终究会过去"。

失恋了，就想着去赚钱；
被辞了，就想着去旅行；
身体累了，就想着犒劳一下自己；
心烦了，就找个舒服的地方静一静。

怕就怕，你在不喜欢的人和事上弄丢了快乐，然后在喜欢的人和事上不知道该怎么快乐。

怕就怕，你在该职业的时候职业不起来，在该玩的时候又放不开，在该争取的时候想着退路，在热恋的时候觉得还能遇到更好的。

那你凭什么快乐？

把抱怨的时间用来解决问题，问题自然会越来越少；把攀比的精力用来提升能力，人生的路自然是越走越宽。生活就是这样，你把自己劝明白了，就什么都解决了。

更神奇的是，当你发自内心地觉得快乐时，你会发现这个世界一点儿毛病都没有！

对那些受过伤的运动员来说，最好的复出就是让自己重回巅峰。

而对我们这些受过锤的普通人来说，最大的复出就是让自己找回快乐。

如果你觉得自己不招人喜欢，就提醒一下自己：你是你的宠物在全世界七十几亿人中最喜欢的那个。

如果你觉得自己没有用，就想想超级英雄的电影里还有人当警察呢。

4 /

任何事情都可以换一个视角来重新解读。

没有得到你想要的，要庆贺，因为你有了一个值得追逐的确切目标。

得到了你想要的，要庆贺，因为你可以细细品味和体验得偿所愿的喜悦。

明天混得比今天好，今天应该开心；明天比今天苦，今天更值得开心。

遇见一个糟糕的恋人可以看成好事，正是因为这个人才证明了纯洁爱情的难能可贵，才打破了你对爱情的虚假幻想，才颠覆了你对缘分的侥幸心理。

遇见一份糟糕的工作也可以看成好事，正是因为苛刻的老板和混账的同事让你认识到了职场的残酷，知道了自己不适合做什么，知道了提升自身能力的重要性和紧迫感，也因此有机会重新审视自己的职业规划。

对心态好的人来说，人生就没有真正的坏事。如果A计划不行了，他们知道还有二十五个字母可以用。

什么叫心态好？

就是对自己非常友好，就像是在自己的身体里搭建了一间坚固的房子，不管外面的流言蜚语或者时尚潮流用多大的力气冲击，你都能安然无恙地躲在这间房子里。

就是既受得了眼前的苟且，也护得了心里的诗与远方。

就是有书就好好读，有事就好好做，到了睡觉时间就好好睡，遇到喜欢的人就勇敢去追，被人拒绝了就体面地离开。

就是看到比自己优秀的人就欣赏，但不嫉妒；看到不如自己的人就谦虚，但不轻视。

就是不管别人是瞧得上还是瞧不起，是喜欢还是讨厌，说好说坏都不反驳。不陷入三观之争，实在意见不合就保持沉默；不道德绑架他人，也绝不道德绑架自己。

就是喜欢某个人，但允许他身上有自己讨厌的地方；讨厌某个人，但清楚他身上有值得自己学习的点。

愿意为了某个目标全力以赴，同时又不抱十分的希望；把某件事情当成世界上最重要的事情对待，同时又知道这件事情根本就无关紧要。

就是不为没有发生的事情提前操心，不为幻想出来的结果过度焦躁，不为还没有兑现的承诺提前开心。

在平庸的物质生活中建立了迷人的精神世界，不妄图一劳永逸，不幻想岁月静好，也不企图一步登天。

别怕生活的麻烦，别怕命运的颠簸，你该怕的是，被什么潮流或者群体所裹挟，变得醉心于攀比、抱怨、愤懑、享乐，不去读书，不去思考，不再上进，不能发现身边的美好，以至于有一天，你突然发现自己脑袋空空、两手空空，只有一个灌满了不甘和疲惫的身体，被生活摁在一个无人问津的地方，动弹不得。

所以，你要认真地过好今天，并做好今天不会好过的准备；你要尽力去做你觉得对的事，然后接受它的事与愿违。

这意味着你的内心，要足够粗糙，否则天天都会因为一些小事难过；要足够细腻，否则就感受不到身边细小的美好与微小的感动；还要足够强大，否则每一个行动都得像一块饼似的，在理智的煎锅上翻来覆去地炙烤。

不用妄自菲薄。你可能有三岁的耐心，加十八岁的迷茫，加七十岁的体力，以及正值壮年的胃。

但与此同时，你还有三岁的好奇，加十八岁的热情，加七十岁的坚忍，以及上不封顶的可能性。

托尔斯泰说："每个人都会有缺陷，就像是被上帝咬过的苹果，有的人缺陷比较大，正是因为上帝特别喜欢他的芬芳。"

所以当你觉得自己特别倒霉的时候，就不要脸地劝自己一下：大概是因为自己太香了，被上帝咬得只剩下苹果核了。

最后，记住两个"一定"：

一定要在自我感觉良好的时候多来几张自拍，毕竟这种"我怎么这么好看"的幻觉不是每天都有的；

一定要珍惜那个频繁催婚的朋友，毕竟他是真的觉得你能找到对象。

嗯，愿你小时候是个快乐的小朋友，长大了是个快乐的大人，老了是个快乐的老人。

Part Ⅲ
小鹿乱撞
是神明的拜访

⊙如果有一天,你选择结婚,我希望你是发自内心地觉得幸福,而不是松了一口气,觉得自己总算完成了一个任务。

⊙如果有一天,你选择离婚,我希望你明白:离婚不是结婚的反义词,因为结婚是为了幸福,离婚也是。

01 既许一人以偏爱，
　　愿尽余生之慷慨

1 /

周姑娘早就做好了"一辈子不结婚"的打算，她甚至在朋友圈里抨击过婚姻的功利："婚姻就是做买卖，把长相、家庭、收入、潜力逐一估价，货比三家之后，挑一个性价比最高的人，然后再讨价还价地谈婚论嫁，最后扯皮拉钩地过一辈子。"

然而打脸的是，在跟宋先生恋爱的第六个月，她居然单膝跪地，当众向宋先生求了婚。

打动周姑娘的，是宋先生的一条微信。当时两个人正在闹情绪，周姑娘拒接了无数电话，宋先生就发了一条信息：

"我很严肃地告诉你，我现在非常生气。但是，我还是希望你冷静一下，不要做傻事伤害自己，不要说狠话来气别人。虽然我觉得在这件事情上没有做错什么，但你在电话里的语气好像很委屈，所以我想先从我自己身上找找原因。我想想为什么，然后再来哄你。"

在周姑娘看来，一个连发脾气都会为对方着想的人，她这辈子都不可能再遇到比他更好的了。

婚后的生活也证明了周姑娘的眼光确实不错。

婆婆大人"驾到"的时候，突然就把周姑娘拉到一边说："家务你不可以都自己做，你要分一些给他，要不然你就太累了。"

周姑娘先是一愣，然后才明白过来：宋先生一直都跟婆婆说他在家什么都不干，说所有的家务都是周姑娘做的。

宋先生想给他妈妈买手机，就会对他妈妈说："我可不舍得给你买这么贵的手机，这可是你儿媳妇孝敬你的。"

如果是给爸爸买酒，就会对他爸说："我都不记得给你买东西，还是你儿媳有良心。"

偶尔也会拌嘴，但每次都是宋先生认输，有哥们儿替他抱不平："每次都是你输，也太没骨气了吧？"

宋先生则乐呵呵地说："为什么一定要赢呢？赢了比一起吃早餐还重要吗？"

婚姻幸福的秘诀就是：像维护自己一样维护伴侣，然后你就会发现，在这路遥马急的人间，真的会有人陪你手握屠龙宝刀，杀生活一个措手不及。

爱对了一个人，生活就像是充了 VIP。

就是你们各自都可以玩得很开心，但是因为有了对方，发现这个世界更好玩了。

　　就是他不需要向你承诺什么，但是给了你看得见的在乎。

　　就是他不富却舍得为你花钱，你很忙但愿意为他有空。

　　就是因为你在，他不再招摇；因为他在，你不再动摇。

　　人类需要爱情和婚姻，不只是为了传宗接代，人类真正需要的是：被喜欢的人亲吻，被在乎的人关注，被欣赏的人视为珍宝，被中意的人引以为豪……

　　就像设定那么多的节日一样，不是为了礼物或红包，而是为了爱与被爱。

　　所以我的建议是，当走在路上没有话题的时候，就拉个小手吧；当不知道怎么安慰对方的时候，就紧紧相拥吧；当有点儿不爽却又不想道歉的时候，就试着接吻吧。

　　抱一抱就能解决的事情，就不要选择冷战了；找个台阶就能过去的小矛盾，就别留着过夜了。

　　当有一天，你深深地爱着一个人的时候，你大概就会理解那个叫周幽王的"二百五"为什么会烽火戏诸侯了，要是你爱着的那个人会因此对你笑，真的，没有什么蠢事是你做不出来的。

2 /

盒子先生是个钢铁直男，活得就像一棵不会开花的树。

他说得最狠的一句话是："那种问'我和你妈同时掉水里先救谁'的女生，就应该一个背摔扔出门去。"

但遇到桌子小姐之后，盒子先生整个人都变得"童话"了起来。

大清早去找桌子小姐的理由是："今天穿了一双总想去找你的鞋子。"

而晚上的理由变成了："你们小区的路灯问我要不要去你们小区转转。"

刚开始谈恋爱的时候，盒子先生的话特别多，连他自己都不明白怎么有那么多话想聊，像是要把自己的前世今生都告诉她。

做了一次成功的鸡蛋糕，盒子先生恨不得送自己一面锦旗。他得意地冲着桌子小姐炫耀，就像是平日里成绩一塌糊涂的孩子，头一回捧着奖状回家。

第一次求婚，桌子小姐没答应，她笑呵呵地说："我还这么年轻，脑袋都没发育完全，我急什么？"

盒子先生着急地说："没事的，那没事的，结了婚，你再慢慢长呗。"

打动桌子小姐的，是盒子先生写的一份备忘录：

（1）她爱喝的是雪碧，爱吃的是榴梿，笑起来喜欢捂着嘴。

（2）她喜欢自己待着，没事少去烦她，但其实也喜欢玩，所以要想好了怎么玩再去约她。

（3）她看起来很胆小，但其实喜欢恐怖片，所以我得练练胆子。

（4）我想拍下所有关于她的瞬间，想记下所有关于她的事情，等老了牵着她皱巴巴的手，一张一张地翻给她看。

（5）保护她，相信她，不要说服她，不要改变她。

婚后的盒子先生拼了命地工作，桌子小姐心疼地说："我不是那种爱钱的人。"

盒子先生笑着说："你不物质，那是你的教养，但我要给你更好的物质生活，这是我的责任。"

婚后的盒子先生对桌子小姐比婚前还要好，朋友半开玩笑地问："都结了婚的人，怎么还这么腻歪？"

盒子先生的回答非常感人："结婚前，有很多男生对她好，我必须对她更好，才能追到她；结婚后，对她好的男生都跑了，我必须对她更好，才能不让她失落。"

有一个喜欢的人太重要了。

在你打算稀里糊涂地过普普通通的人生时，会因为对方而想再努力一点儿。

在那么多疲惫不堪甚至抬不起头的日子里，会因为对方而觉得人生还有盼头。

在充满诱惑的世界，如果一个人能够让你安心，那么这个人一定比这个世界更迷人。

在感情的世界里，你是大人还是孩子，区别不是年龄，而是行为：孩子忙于证明自己是对的，而大人知道照顾对方的感受。

换个角度来说，爱一个人最紧要的事情不是讨好，而是收敛：为对方改一改身上的臭毛病，清一清身边的暧昧关系，压一压身体里的贪婪和坏脾气。

如此一来，他就能给你足够的自由和信任去体验这世界，而你就能回报给他足够的克制和自觉。

就像《还珠格格》里，小燕子对五阿哥说："我只有一点点坏，小小的坏而已，最近我连柿子都没有偷，上次经过好大一个橘子林，我好想偷几个，一想到你不喜欢，我连一个都没有摘呢。"

爱情其实是需要善良的，尤其体现在两方面：

一是明知道对方依赖自己，但不会仗着这份依赖而摆出一副居高临下的姿态。

二是明知道对方能接受自己的糟糕，但不会仗着这份恩宠就任由自己一直糟糕下去。

是的，虽然人类进化了几万年，但依然还是"一旦感受到了被爱就会快乐"的小动物。

3 /

每天睡觉之前,顾先生和妻子都会闲聊很久,平均算下来,顾先生一晚上能被踹五六脚。

妻子问:"你说结婚的人为什么要放鞭炮啊?"
顾先生答:"大概是知道婚后的日子不好过,提前给自己壮壮胆吧。"
第一脚。

妻子问:"你觉得赫本和朱莉谁更好看?"
顾先生:"为什么选项里没有你?"
妻子得意地笑:"那我、赫本、朱莉,谁最好看?"
"赫本。"
第二脚。

妻子饿了,就对顾先生说:"你要是能下楼去买烤串回来,你让我做什么都行。"
顾先生一溜小跑就下楼了,买回来后,妻子开始撒娇:"你说吧,想让我做什么?"
顾先生打开了烤串的包装盒,边吃边说:"我想让你看着我吃。"
第三脚。

妻子翻看顾先生几年前的微博:"你前女友好漂亮,我好自卑啊!"

顾先生答:"没事儿,我就喜欢不漂亮的。"
第四脚。

看电视的时候,妻子发现有人在抽烟,扭头问:"如果我抽烟,你还会喜欢我吗?"
顾先生乐呵呵地说:"别说抽烟,你抽鞭炮我都喜欢。"
第五脚。

什么都没说,妻子突然就踢了第六脚。
顾先生问:"为什么踢我?"
妻子答:"不为什么,就是想踢。"

顾先生皱着眉毛控诉:"你不是仙女吗,怎么总喜欢动手动脚的?"
妻子把鼻孔对着他说:"我猜你可能误会了仙女,仙女真的生气了,是会拿着粉色的斧头去劈你的!"

他们的爱情"战事连连",但这一点儿不影响他们在生活中"举案齐眉"。

比如,妻子号称买给顾先生的零食,其实都被妻子悄悄吃了;而顾先生号称买给妻子的电子产品,最终都是被顾先生用。

比如,妻子会一脸娇羞地说着狠话:"我发脾气的时候,你就老老实实地听着,等发完了,我厌给你看。"

而顾先生则会一脸傲气地说着厌话:"我在家的时候,想拖地就拖地,想洗碗就洗碗,想洗衣服就洗衣服,你管得着吗?"

结婚四周年纪念日那天,顾先生发了一个很好玩的朋友圈:

"四年前的今天拜了把子,四年后的今天还是兄弟。四年验证不了什么,顶多就是说明:我们都是婚龄只有四岁的小朋友。所以,我们要心知肚明一些事情,比如说:所谓的'无意冒犯',基本上都是'有意为之';常见的捣乱犯轴,基本上都是'看你能拿我怎样';某件事情上搪塞地说'我有什么办法',实际上都是'我根本就不想做';某次犯了小错后的'实在对不起',基本上都是说'下次我还敢犯'。反正仗着来日方长,我们还要互相伤害。"

妻子留言道:"这个写得好,值得踢十脚。"

夫妻之间哪来那么多的客客气气,甜的时候我们是夫妻,累的时候我们是兄弟。

讨论未来时,我们是理智且负责的成年人;吃喝玩乐时,我们是调皮且爱扯皮的小朋友。

他看起来没有什么特别之处,却成了你别无他求的唯一;你也谈不上哪里出众,对他来说却是无与伦比的美丽。

他知道你说的"我开玩笑的"其实带有一点点认真,知道你强调的"无所谓"其实是很在乎,也知道你讲的"我没事"其实是很难过。

他知道你表现出"不喜欢人间的一切"的原因是,"长久以来,你总是没办法拥有自己想要的东西"。

他明白你嘴里的"我没事",就是"我很沮丧,我很没有安全感,我缺乏关爱,我快要炸了"。

所以你每次歇斯底里地说"别理我",都能换来一句厚脸皮的"我就不"。

他喜欢你,不只是因为你好看、好玩,或者适合结婚,而是在看见了你的狼狈与脆弱,理解了你的辛苦和平凡,接受了你的不美和不乖后,依然还想把肩膀和糖果都给你。

他能读懂你的"使用说明书"和"注意事项",知道你是"易燃易爆易碎品",所以知道要"轻拿轻放"和"小心为上",以及定期检查,并带你晒够阳光。

他知道你所有的阴暗、无趣和平凡,却依然给你足额的尊重、支持和偏爱。

他把你看透了,却没想过离开你;他知道你的糟糕,更明白你的好。

最神奇的是,明明和他交往的是已经长大成人的你,可你却有一种错觉,觉得他在某个瞬间穿越回到了你的童年,给那个站在玩具店门口噘着嘴巴、久久不肯离去的小女孩买下了她心心念念的芭比娃娃,然后,这个小女孩再也不会因为别人都有芭比娃娃自己没有而难过、而自卑了。

他让你走进人潮之后,不会因为自己的渺小和平凡而心慌。

当然了,如果他惹着你了,请先做几个深呼吸,然后从十开始倒数,数到七的时候就开始揍他,他肯定想不到。

4 /

　　我读过一个女生向男生表白的情书,她说自己在朋友面前假装是个好笑的人,但实际上是个无聊、胆小、古怪的人。所以她渴望有人能拍拍她的肩膀说:"古怪就古怪吧,也很好。"

　　我曾看过一篇消息,说一个老太太做完手术,同甘共苦的老爷子就搬了个小板凳,抄了两个多小时的护理常识。

　　我曾问过一个老爷子"爱情是什么",他说:"我也不知道,我就记得我高三的时候就喜欢她,现在'三高'了,还喜欢。"

　　爱上一个人是什么感觉呢?

　　就像是,前一秒你想把他藏起来,像松鼠藏坚果过冬一样,放在世界上最隐秘的地方;可下一秒你却想将他告知天下,像金榜题名那样,满心欢喜且引以为傲。

　　就像是,你本来不是什么浪漫的人,甚至还有点儿悲观,但只是看到那个人对自己笑,你就会觉得这个世界好像也是可以被歌颂一下的。

**　　因为我爱你,所以就算全世界都在催你快点儿长大,我依然觉得你还可以做个小孩;就算全世界都在教你克制、成熟、稳重,我依然认为,你想怎样就怎样。**

02 般配是爱情的成就，
　　而不是前提

1 /

感情有三大误区：

一是误以为爱情必须是甜的。不管是爱一天，还是爱一辈子，一旦发现爱情不甜了，就认为这段感情坏掉了。

二是误以为生活出了问题，结个婚就能解决了，而一旦婚姻出了问题，生个孩子就能解决了。

三是误以为追到手了，或者结婚了，恋爱这件事情就结束了。

所以，我们经常看到很多少男少女在追求时表现得特别热烈，甚至到了孤注一掷的程度，抱着"追到手再说"或者"结了婚再说"的心态。

可真的在一起了或者结婚了，他们就会发现：对方并没有想象的那么好。被追的人觉得对方变冷淡了，追求的人觉得对方没那么有吸引力了，两个人都有了巨大的落差感。

实际上，爱情并不保甜，婚姻也解决不了幸福的问题，唯有你变好了，你的爱情和生活才能一并得救。

"在一起"不是爱情的合格证，"结婚了"也不是爱情的毕业证，这只不过是不同阶段的入学录取通知书而已。

在每个阶段，你都要继续学习，因为还有很多的考试。比如，喜好不同、兴趣不同、生活习惯不同、聚少离多、婆媳矛盾、育儿矛盾、琐碎家务等。

爱是理解，是忍让，不是瞪着眼珠子乱犟。

没有炼狱般的相互磨合，哪有心有灵犀的一生浪漫？

2 /

在一档关于离婚的综艺节目里，一对夫妻时隔十五年后再次见面了，他们曾在一起生活了二十六年，直到快五十岁才离婚。

前妻为了给前夫留个好印象，特意去做了头发，她说她紧张得好几个晚上没能睡好觉，但是很显然，前夫并没有注意到前妻的用心。

见面时，前妻小心翼翼地寒暄："你吃饭了吗？""肚子饿不饿？""昨天睡得怎么样？"

然后，前妻问了一个让人想哭的问题："和我结婚了那么多年，你会不会觉得那些时间都是浪费？"

一个人的一生能有几个二十六年呢？

我想说的是，爱的时候要勇敢说爱，不爱的时候也要勇敢说拜拜。

你只需记住，和一个人从认识，到喜欢，到相爱，再到分开，这一切是无心插柳，也是宇宙安排。

没有违背良知和道德的分手不是不负责，为了结婚而结婚才是不负责。

最新的法律条文告诉我们，离婚需要冷静期。却很少有人告诉我们，结婚才是更需要冷静的事情。

有多少人的婚姻是：想忍，却忍不了；想离，又离不了；想过，却过不好；想逃，又逃不掉；想留，又留不住？

关于婚姻的无奈，张爱玲写得很婉转："娶了红玫瑰，久而久之，红的变成了墙上的一抹蚊子血，白的还是'床前明月光'；娶了白玫瑰，白的便是衣服上沾的一粒饭粘子，红的却是心口上一颗朱砂痣。"

钱锺书则写得更直白："爱情多半是不成功的，要么是苦于终成眷属的厌倦，要么是苦于未能终成眷属的悲哀。"

你跟对方说"脚崴了"，对方回复"哦"；
你说今天上班路上看到了一只超萌的猴子，他说"哦"；
你说今天热搜里又出了什么大事，他看着手机说"哦"。
你会心里凉凉的："我刚刚是放了一个屁吗？"

时间再久一点儿,你不只是"下凡的天使折了翼",甚至"连器官都没了"。

你让他帮忙找下遥控器,他会问你:"你没长眼睛啊?"

你让他帮忙给手机充电,他会问你:"你没长手啊?"

你跟他讲今天自己的糗事,他会问你:"你是不是没长脑子啊?"

所以我的建议是,没娶的别慌,待嫁的别忙。真的不用为大龄晚婚而犯愁,很多人婚后照样单身。

你结婚有多草率,离婚就有多轻率;你结婚有多随便,离婚就可以有多不负责。

怕就怕,你二十几岁和一个根本就没有话聊的人着急忙慌地结了婚,受了几年"话不投机半句多"的窝囊气,然后回头去骂当年的自己"太瞎了",最后得出的结论是:"婚姻也不过如此。"

真不希望你变成那种人:快五十岁了,才狠下心离婚,然后一边流着眼泪,一边承认自己从来没有爱过自己的另一半。

3 /

看过一篇妻子的自述,是关于经营爱情的。

她刚怀孕时,在厕所里吐得昏天暗地,丈夫却端坐在电视机前,嗑着瓜子笑得前仰后合。

吐完之后，她就问丈夫："刚才我都吐成那样了，你怎么不过去看我一眼？"

丈夫一脸无辜地回答道："我去看你一眼，你又不能舒服一点儿。"

这要是换其他人，估计早就"炸"了，但她没有。

第二次要吐的时候，她就主动说："我要吐了，你快点儿给我拿纸。"

丈夫马上起身，然后飞快地冲进厕所，看着她吐得都快要站不住了，丈夫心疼地说："怎么这么严重啊？"

她随后吩咐他去拿毛巾、倒热水，丈夫也一一完成了。因为亲眼看见了呕吐的过程，丈夫明显变得温柔了很多，不停地问："好点儿没有？"

她及时地给出了积极的反馈："好多了，幸亏有你在。"

从这以后，只要她想吐，丈夫就会飞快地拿纸巾、毛巾和热水。然后一直陪着，满眼都是心疼。

亲密关系有一条很重要的原则是：你要主动做出改变，对方才有可能跟着改变；你要说清楚自己想要什么，对方才有可能明白你的真实意图。

不要因为他的不理解、不明白、不浪漫、不配合，就很快得出一堆悲观的结论："他变得不爱我了""我怎么嫁了这么个东西""我早就该知道他根本就不喜欢我"……

不如反思一下："我的需求是什么，我真的讲清楚了吗？"

你觉得自己想要的非常简单,但对某个木鱼脑袋来说,其信息量不亚于一部《永乐大典》。

所以,哪些地方不满,就直接告诉对方;哪些事情有想法,就直接和对方提出来,而不是指望什么"心有灵犀"或者"感同身受"。

怕就怕,明明是想让他早一点儿回家陪自己,可一出口就是:"工资那么少,还天天加班,你图什么?"

明明是想告诉他,"不用急着回消息,忙完了再回复也是可以的",结果张嘴就是:"真不知道你每天都在瞎忙些什么。"

明明是想让他多陪自己说说话,可一开口就是:"一天到晚就知道打游戏,能不能有点儿出息。"

明明想要甜筒,不告诉他,让他猜,他兴高采烈买回来奶油蛋糕,你就生气了,然后失望地对他说:"我以为你懂我。"

总之就是:不会示弱,不会直说,不会求和,只会发火。

也许你今天的心情很郁闷,因为被讨厌的同事阴了,因为没赶上电梯迟到了一分钟,因为晋升名单上没有你的名字,因为爸爸妈妈生病了……

所以看到他的时候,本意是想要关心,想要安慰,可心里的无名邪火无处宣泄,只好对他劈头盖脸。

可是,他做错了什么?为什么要莫名地挨一顿狠话?

不要在心里偷偷地给他打叉,然后扣分,实际上,对方根本就不知道你发生了什么，你的暴跳如雷在对方看来就是"小题大做"和"吃饱了撑的"。

你们的争吵根本就不在一个点上，你只知道自己很委屈，而他只知道他没做错什么。

也不要以"拼命对他好"的方式来换取"他可能做出改变"，更不要用发脾气的方式来逼着对方改变。

感情最可怕的不是变心，而是内耗，是互不赏识，互相否定。

都说婚姻是爱情的坟墓，但如果婚姻里的两个人都能多一点儿肝胆相照的义气，少一点儿互相拆台的戾气，或许你们就能不那么苛责睡在旁边的兄弟。

切记，爱是成全，不是掌控，是如他所是，而非如你所愿。

4 /

那么婚姻到底是什么呢？

一个七十多岁的老人说，"婚姻就是我午夜三点醒来的时候，口渴或者伤口疼，我只需要捅捅睡在旁边的那个人，她就知道，我要喝水"。

一个三十多岁的女人说，"婚姻就是睁一只眼闭一只眼。我接受他的缺点，他包容我的缺点，两个人相互嫌弃，却又不离不弃"。

一个刚刚开始创业的男人说，"婚姻就是可以掏心掏肺地说几句话，不管大事小情，都可以放心地对她说，不需要瞻前顾后，不需要猛翻通信录，一个转身，就能抱到"。

一个五十多岁的教授说，"婚姻就是忍耐。一个人吼的时候，另一个就得听着。如果两人同时吼，就没有交流了，只有噪声和'想弄死对方的情绪'"。

一个刚结婚的女人说，"婚姻就是你把手机里所有的音乐都删掉了，只留下最喜欢的那首歌。从此做好了无限循环的打算，从喜欢到厌倦，到再次喜欢，最后变成习惯"。

一个过了七年之痒的男人说，"我不知道婚姻是什么，只是觉得生活难免要落俗，难免会有鸡毛蒜皮的琐事，难免会因为日趋平淡的生活而心生不满，难免会因为各种开支而疲惫不堪，但是，如果必须要选一个人来与我一起承受，我会毫不犹豫地选择她"。

当然了，步入婚姻的殿堂不等于进了幸福的天堂，婚姻常常是生活的另一个战场的入口。

所以，婚后的两个人要比婚前更忠诚。

你们对新鲜的异性不再蠢蠢欲动，对过往的感情不再耿耿于怀。心无旁骛不是因为没有机会，而是因为对道德有要求，对欲望有管理，对感情有洁癖。

婚后的两个人要比婚前更坚定。

顺风顺水的时候，你们是同游世界的玩伴；风雨欲来的时候，你们是拜了把子的兄弟。

你们以信任之心，不限制对方的自由；又以珍惜之心，不滥用自己的自由。

婚后的两个人还需要比婚前更努力。

你们努力提升谋生的技能，努力变得宽容、快乐和皮实，努力把家经营成一个坚固的壳，以此去抵挡生活的明枪暗箭和命运的暴风骤雨。

换言之，在这个自顾不暇的年代，于双方而言，"照顾好自己"就是最经济实惠的"我爱你"。

般配不是婚姻的前提，而是爱情的成就。

就像林语堂写的那样："所谓美满婚姻，不过是夫妻彼此迁就和习惯的结果，就像一双新鞋，穿久了便变得合脚了。"

幸福不是悬在终点的终极奖赏，而是在婚姻长跑路上频繁出现的能量补给。

就像王小波对李银河说的那样："我们就像两个在海边玩耍的孩子，一会儿发现个贝壳，一会儿又发现个贝壳，乐此不疲，哪有时间厌倦？"

所以，当你发现眼下这段感情不新鲜、没意思了，你就该反思自己是不是最近犯懒了，是不是没有精进自己，是不是没有花心思去给这份感情注入一些快乐的东西。

不要怪人心善变，也不要说爱情不靠谱。肯定的言辞，欣赏的态度，用心的礼物，包容的胸怀，平等的交流，积极的分担，努力的成长，这些都是爱情的"保鲜剂"。

每个人的感情之路上都有一个必经之处：

总有那么一天，你会放下心里那些不切实际的幻想，不再要求对方凡事都能恰到好处；你会慢慢开始欣赏眼前这个平凡的人看似幼稚的付出，包容他的不周到、不完美，懂得他掏出一颗热烈真心时的那种小心翼翼的笨拙的可贵。

实际上，每个人都需要被理解，被信任，被认同，被支持，被尊重，被偏爱。

所以，每个人都应该主动去理解，去信任，去赞美，去支持，去尊重，去偏心。

缘是天意，分在人为。缘分最美妙的地方，不是在茫茫人海中悄然相遇，而是在人来人往里没有分开。

5 /

很多人都怕结婚，到底是在怕什么呢？

大概是，怕谈婚论嫁提及彩礼的时候讨价还价，怕两个人因此陌生得就像是一对精明的生意人。

怕婚礼上信誓旦旦地说完"我爱你"，转身就因为拌了几句嘴就说"离婚吧"。

怕传说中让人头大的婆媳矛盾,怕自己沦为"他和他妈妈合力欺负的外人"。

怕处理不好两个家庭的关系,最后不得不"夹着尾巴做人"。

怕应付不了本就捉襟见肘的经济压力,让稍有起色的生活"一夜回到解放前"。

怕有了孩子却无法给他富足的生活,而自己好像也没有伟大到要为一个人做那么大的牺牲。

怕自己迫于压力而跟一个不合适的人绑在一起,然后被鸡零狗碎的日常锤来锤去,渐渐消磨掉彼此间本就不多的好感,直至放弃对爱情的信仰。

也许是因为遇到过几个错的人,所以你开始怀疑是自己的问题。
也许是在漫长的等待之后,你对爱情没什么幻想了。
也许是受了几次伤,你对爱情没那么信任了。
也许是听说了几个不幸福的故事,你对爱情心生畏惧了。

结果是,没结婚的人抱怨结婚的门槛太高了:"遇不到合适的人""拿不出足够的彩礼""买不起婚房""没有领证的勇气""没有耐心养小孩"……

而结婚的人则哀怨离婚太难了:"孩子还小""离婚了我怎么过""亲朋好友会怎么说""不喜欢又能怎么样,都这么大年纪了"……

婚姻给了你和另一个人一次次相爱的机会,可悲的是,很多人却

把婚姻当成了爱情的终点。

不好的婚姻拥有某种暗黑的能量，能让公主变成碎嘴的老太婆，能让骑士变成一事无成的平民，能让一个人的光芒万丈把另一个人的懦弱照得发慌。

所以我的建议是，不要因为怕剩下就急着出手，一定会有那么一罐幸运的可乐，在把努力攒下的气泡都吐完之后，碰到一个只是喜欢焦糖的人。

不用担心活成了榴梿就自降身价，你只需等到那个识货的人，他知道你外表的刺，其实是保护你内心的甜。

不要为了体验爱情而去谈情说爱，爱情并不好玩，甚至很危险，你的能力、魅力和阅历根本就不能保证让你全身而退。

不管你选了结婚、恋爱还是单身，你都要想清楚三件事情：

（1）你要找的不是托付终身的人，而是相爱到老的人。这意味着，你最好是在没结婚的时候就活得很好，这样结婚了才会活得很好。

（2）婚恋的选择权从来都在你自己手上，不管你是听了谁的劝，还是受了谁的骗，最终都是你自己选的。

（3）任何一种选择都意味着有所放弃。感情有一万种形式，唯独没有一种叫"完美"。所以一定想清楚："我愿意为这个选择放弃什么？"

怕就怕，你明明图的是感情，所以没有介意对方的家境和收入，结果在谈婚论嫁的时候，却逼着对方拿出几十万元的彩礼和几百万元的房子；

你明明图的是钱财，所以选了一个五大三粗的有钱人，结果在婚后却又抱怨对方只顾着工作和应酬，没有把感情和时间花在你身上；

你明明图的是长相，所以没那么在意对方的阅历、学历和思想深度，结果相处下来却又嫌弃对方的浅薄、无趣，以及不会挣钱、不会做家务……

爱情这场考试没有规定的交卷时间，也没有可供参考的标准答案。

有的人十八岁就遇见了爱情，有的人要等到八十一岁才能碰见真爱。

有的人觉得看别人的手机非常可怕，有的人则认为不让看手机非常可疑。

有的人就是喜欢把对方的好公之于众，因为觉得太好了，恨不得跟全世界炫耀。

有的人就是喜欢默默地为某个人付出，他愿意为某个人吃苦，且不打算借此来邀功。

幸福不是流水线上批量生产的罐头，你的幸福是什么样子，只有你自己可以定义。

如果有一天，你选择结婚，我希望你是发自内心地觉得幸福，而不是松了一口气，觉得自己总算完成了一个任务。

如果有一天，你选择离婚，我希望你明白：离婚不是结婚的反义词，因为结婚是为了幸福，离婚也是。

03 不要想着要感动谁，
   有些人的心灵是没有窗户的

1 /

见到可乐时，他瘫坐在沙发上，就像一个被卸了电池的电动玩具。

他说他打算改名叫"可笑"，还煞有介事地解释道："以前觉得自己可爱笑了，现在丢了'爱'，只剩下可笑了。"

让他失魂落魄的原因是，他追了三年的女生今天举办了婚礼。可乐不请自来，挤在祝福的人群里微笑着崩溃了好几回。

我问他："为什么偏要去？"

他的回答无比卑微："去看看呗，既然我是一张不及格的试卷，那我就想看一下正确答案长什么样子。"

可乐追求的女生在朋友圈里也混得很开，早在大学时就已"名声在外"。几个好友陆续给可乐发过"警告信"：说这个女生的"哥哥们"遍布各大院校，说她每天寝室熄灯之后还在压低声音跟各个"哥哥"通电话,一个接一个地聊着心事,像极了午夜情感电台的DJ。

可乐早就知道,可偏要视死如归,就像明知道陷阱在哪儿,可还是一路小跑着往里面跳。

很多时候啊,人扮出一副很深情的样子,仅仅是为了演一出好戏给自己看。不幸的是,真的只有你自己看。

备胎就像抽屉里的备份钥匙,像电梯间的灭火器,常年都在等待某个让对方觉得糟糕的情况发生。但很显然,糟糕的是可乐。

他给我看了几张他和女生的聊天截图,气得我直翻白眼。

比如,为了讨女生欢心,可乐将他熬夜写程序赚的五千多元买了一个包包送给女生,女生没有拒绝,却也没怎么背。

可乐就问女生:"你是不喜欢吗?"

女生的回答是:"难道你送我一条裙子,我大冬天也得穿出去吗?"

比如,女生和朋友聚会,可乐就发了一堆的"注意安全""别喝酒""几点结束"……可全都石沉大海。

第二天,可乐委屈巴巴地对女生说:"我等了你一晚上的消息。"

女生的原话是:"我让你等了吗?"

自尊心上头的时候,可乐也曾狠下心对女生说:"不喜欢就算了,怪我打搅了,告辞。"

可第二天女生跟他问了个早安,他就把自尊心放进马桶里冲走了,然后屁颠屁颠地去给人送早餐,当保安,道晚安。

他说:"刚才在路上遇见了一个遛狗的,狗主人让狗过来,狗就过来,让狗叫唤几声,狗就叫几声,特别听话。然后我就突然好难过,我也是随叫随到啊,我对她没完没了地说'天冷了要多穿衣服''不吃早餐对胃不好''我想你了',估计和这狗叫没什么两样。"

我只说了一句话:"杯子碎了和心碎了,都可以说'碎碎平安'。"

你说爱情有多神奇,作为猎物的你,忧伤的居然不是因为被猎,而是因为自己并非猎人唯一的目标。

你竭尽所能地付出也换不来感动,而对方一个表情就能让你甘愿把一辈子的爱倾囊相授。

你没完没了地刷着他的微博、抖音、朋友圈,小心翼翼地偷窥他的生活,一言不发地注视着他的幸福,就像一个破产的人,在隔着窗玻璃,偷看别人在自己的房子里吃饭。

你就像是一张张写满了字的便利贴,直到被丢弃了,还心心念念他写的那一串电话号码有没有拨通、他下一次约会有没有迟到、他冰箱里的剩饭剩菜有没有及时扔掉、他要见的那个客户有没有很凶。

你没日没夜地想着他,没完没了地讨好他,就像是在说:"你看我这么努力地爱你,你可千万不要喜欢别人啊!"

而他却隔三岔五地玩消失,动不动就冷战,就像是在回应你:"你到底喜欢我什么呢,我改还不行吗?"

恕我直言:不要怪别人不回你的消息,谁让你总是给别人发消息呢?

不要怪别人不喜欢你,谁让你偏要喜欢那个不喜欢你的人呢?

如果真心换不了真心,那就换人。不爱你的人看起来是蛮拽的,可你的删除键也不是玩具枪啊!

再说了,爱不能只靠毅力。一个已经不喜欢你的人,你一直喜欢是不礼貌的。

不要追问"你到底喜不喜欢我""我到底有没有机会"了。要说多少次呢?"感受不到"就是"没有"。

也不要再追问"我在你心里到底算什么"。你还能是什么?无非是他一睁开眼就想马上摁掉的闹钟,是他只想快点儿滑过去的垃圾短信,是一堆让他觉得难堪的问题和唯恐逃之不及的麻烦。

所以,不要想着要感动谁,有些人的心灵是没有窗户的。

2 /

收到丁姑娘的微信时,我刚吃过午饭,点开微信一看,居然是一张离婚证的照片。

我发了一连串的问号过去,她回了我一连串的"哈哈"。

然后,她炫耀似的跟我强调办离婚那天是五月二十一号:"登记结婚的人超多,可他们一个个脸上的表情看着还没有我高兴,哈哈哈。"

丁姑娘的婚龄才八个月，但恋爱期长达八年。房子是男方婚前买的，没有孩子，也没有大额的财产可分，所以这婚离得很容易。

她说她是上午发现他出轨的破事儿，中午就约到民政局见，下午两点拿到离婚证书，三点半左右在房屋中介那里租了一套带院子的两居室，四点左右接通了网线，五点从男方家里打包了一堆东西离开，晚上八点把租来的房子收拾完毕。

再看手机的时候，已经有十多个未接电话和几十条微信，大部分是男方的，他还找了他的父母和共同的朋友求情。

丁姑娘只回了他一句："我长话短说吧，就一个字：滚！"

我八卦地问："你是怎么发现他出轨的？"

她说："就是一起吃烤肉的时候，他手机响了，他非常紧张地看了我一下。我当时正在使劲嚼一块牛肉，心里就想，来信息了你看手机啊，你看我做什么？"

我问："就这？"

她说："当然不止，精彩的在后面。后来他去洗手间，走出去十几米了突然又折回来，仅仅是为了取手机，再然后，他好半天才回来。我越想越不对劲，认识他这么多年，他从来都不这样。"

我："后来呢？"

她："等他从洗手间出来，我就迎了过去，然后骗他说：'刚才我妈给我打电话，没说两句，我手机就没电了，借你手机用一下，我怕她有什么急事。'然后，他帮我解锁了他的手机，我就拿着手机，一边打一边往洗手间走，然后，我看到了我不该看到的一切。"

我问:"有没有想过要给他一次改错的机会?"

她的回答超级酷:"大家都是成年人了,分得清是非对错,既然你知道什么是错的,还要去做,那你就是故意的,那还改什么?"

我又问:"那身为离婚的女人,你现在是什么感受?"

她一脸正经地说:"离婚之后,白天还好,还能用工作来麻痹自己,到了晚上,我必须捂着被子才能睡觉,不然真的会笑出声来。"

人一旦决心不爱了,就什么顾虑都没有了,那种碾压式的自信就会喷涌而出。

是装出来的嘴硬也好,是打碎牙齿往肚子里咽的委屈也罢,难过是肯定的,但总比恶心强。

因为你很清楚:世上所有的错过,都无须重逢!

也许最让你难过并不是某个人的"中途离场",而是想起他曾经的海誓山盟,又想着将来要和另一个人共度余生,你会觉得人生挺没劲儿的。

也许你最想知道的并不是他们的狗血故事,而是怀疑当初一起看过的花,踩过的雪,赏过的月,是否只是自己的一厢情愿。

但我想说的是,爱情又不是奥运圣火,并非点着了就不允许熄灭的。

不要隔三岔五地提醒他"你得这样做,才是在乎我",也不要没完没了地威胁他"你别那样做,我会难过的"。

不要追问:"我到底哪里比不上她?"你该想一想,他那种人哪里配得上你?

也不要问主动选择离开的那个人:"我到底做错了什么?"你更应该想一下:"我做对了什么?"

你的妈妈花了十个月的时间为你锻造了这一身好皮囊,你的爸爸花了二十年的时间培育出知书达礼的灵魂,怎么可以因为一个浑蛋的辜负,就苛责这皮囊,就自损这灵魂呢?

如果你想表现出大度,那就祝他快乐且长命富贵;
如果你想表现出冷酷,那就祝他孤独且长命百岁;
如果你什么都不想表现,那就祝他吃饭有人喂,走路有人推。

3 /

你需要他来关心的样子,就像一个小朋友赖赖唧唧地想要买玩具,而他的不耐烦就像一个不近人情的妈妈,冷冰冰、狠呆呆地对你说:"你够了!再闹我就把你丢在这里!"

你受了委屈跟他倾诉的样子,就像一个小朋友在学校里受了欺负,而他的回应就像一个浑蛋爸爸,听不出一点儿怜爱不说,还会对你吼:"就知道哭,你开心一点儿行不行啊?"

所以我的建议是,爱别人要适可而止,爱自己要全心全意。

他说困了，你就说晚安；他说忙，你就说再见；他说不爱了，你就说慢走不送。

给他空间，给自己尊严。

当然了，如果你实在放不下，那就多去纠缠几次，多不要脸几次，看看他不耐烦的态度，听听他嫌弃的声音，想想他对你唯恐避之不及的谎言，你的心应该是会凉的。

想对现在还是单身的人说，请务必记住此时的美好，如果哪天脱单了，却发现恋爱远没有单身好玩，那么你就要考虑马上分开。

想对内心骄傲的屎人说，如果没有销声匿迹的勇气，就不要满心愤懑地去跟人说拜拜。别人不仅不会挽留你，甚至还有可能犯嘀咕："这人怎么还不滚？"

如果收到了情书，请一定要认真听清对方说了什么，不然你就不知道他要你转交给谁。

如果有人捧着玫瑰出现在你面前，请一定要镇定地听他把话说完，因为他很有可能对你说："麻烦让一下呗。"

04 世间所有的爱都是为了相聚，
　　唯有父母的爱是指向分离

1 /

一个从农村走出去的、已经在外地定居的男生说，吃完年夜饭之后，老父亲突然把他拉到一边，非常谨慎地对他说："儿啊，我明年不想种地了，年纪大了，种不动了。"

然后抬头看着男生，一脸愧疚的神色，像是在征求他的同意。

男生的眼泪一下子就流出来了，他说那一刻特别想告诉老父亲："愧疚的不是你，是我啊！"

一个刚刚大学毕业的年轻人说，在爸爸生命最后的日子里，爸爸表现得非常乐观，经常讲笑话，逗得他和妈妈笑个不停。

但在某个清晨，他突然撞见了爸爸的崩溃，他在门缝里看见爸爸坐在病床上泣不成声，一边哭一边"控诉"："老天爷啊，你怎么就这么残忍呢，就不能多给我几年命，哪怕两年也行啊，我就能给我儿攒出房子的首付啊！他刚刚毕业，什么都没有，以后怎么办啊？"

父母有多卑微呢？只要子女不开心，他们就觉得自己不配开心。

而做子女的，一生要扮演那么多角色：学生、朋友、恋人、下属、领导……要过很久、要经历很多事情之后才会明白：只有"为人子女"这个角色是最好当的，却也是当得最烂的。

2 /

经不住早教中心的反复邀约，老曹带着三岁半的儿子试听了一节乐高课。

老曹心里其实是抗拒的，因为在他看来就是去玩。

但很显然，他儿子玩得很嗨，破天荒地主动举手回答了老师的问题，还跟同龄的小朋友合作搭建了城堡。现场的氛围真的很好，新奇的玩具真的很多，手舞足蹈的儿子真的很开心。

在试听课的结尾，热情的老师眉飞色舞地讲解着早教课程的意义，老曹有点儿动心了，尤其是看到儿子那么开心，但他偷瞄了一眼价目表：一年两万三，还是折后。

他脑海里飞速地盘算出整个家庭一年的开支，又掂量了一下自己的收入，最终结论是：真的上不起。

他尴尬地对老师微笑，然后摇头，再将死活不肯走的儿子硬抱走了。儿子趴在他肩膀上又哭又闹，指着早教中心的大门大喊着"我还要玩"。

他说他儿子将来一定会恨自己，恨他没本事，就像他这么多年来一直都怨恨他的父亲。恨他当年没有给自己买学校门口小卖部的那辆四驱车，恨他这么多年从来没有带自己去过动物园，恨他从来没有想过带自己出门旅游……

那一刻，老曹泪流满面，他特别想跟父亲说一句"对不起"，可惜父亲早就不在了。

眼泪大致可以分成三种，小时候流泪是因为得不到，成长过程中流泪是因为失去了，而成熟之后流泪是因为来不及了。

人呐，总要历经坎坷，才能明白父母的疼爱其实没有恶意；总要亲自撞了南墙，才能理解父母的苦心其实全凭真心。

那么你呢？

你小时候不理解父母为什么不能赚大钱、为什么一家人过得那么艰难。

你觉着自己长大了一定比爸爸厉害，结果等你亲自去跟生活过招了才发现，钱太难赚了，而自己跟爸爸也差得太远了。

你既没有吃苦的能力，也没有坚忍的性格，仅仅是做一份工作（或学业）就已经忙得焦头烂额了。

你甚至会心生感慨："爸妈哪来这么多钱把我养这么大呢？还要给我买房的首付，还要给我婚娶的钱，他们真的太厉害了。我连婚都不敢结，连孩子都不敢要，既嫌麻烦，也没有耐心，因为我的钱自己都不够花。"

你曾经怪爸妈没怎么陪自己,在很多人生中的重大时刻,他们都是缺席的,你甚至因此记恨了他们很久。

后来你成家立业了,当你为了生活而不得不离开子女,当每一次分别都哭成泪人的时候,你渐渐理解了父母当年的"狠心"。

你十几岁的时候看到爸爸因为粥太烫就跟妈妈大吵一架,然后吵着吵着就突然哭起来了,那是你唯一一次看见爸爸哭。

后来,你长大成人了,每天面对孩子、还不完的房贷车贷,做着一份看不到未来的工作,每天回家就听见另一半抱怨这不舒服、那不满意……

你这才明白:爸爸当年不是被烫哭的,只是突然崩溃了。

你有了孩子最深的感悟不是花销太大和精力被占用太多,而是终于理解了妈妈。

你说现在三个人帮忙带一个孩子都累得想死,那当年妈妈一个人带自己,还得把生活安排得井井有条,她该有多辛苦啊?

你以前总觉得父母在束缚自己,所以为了远离他们,你故意去很远的地方上大学,故意去很远的地方工作,你以为脱离了父母的束缚就等于得到了自由。

远离了父母的你,就像一个曾被殖民过的国家重获了自由。但是,要独自去面对生活的暴风骤雨时,又显得信心不足。

在那座待了几年却依然觉得自己是个异乡人的城市,你的生活举目无亲,你的工作惶惶不安,你的交际一团糟,你的吃喝拉撒都需要精打细算……

你这才突然明白，自己只是得到了天空，却失去了大地。

爱就像一场轮回，你在父母曾经走过的路上拾级而上，最后才慢慢明白：所谓的长大成人，其实就是，你一天比一天更接近天空，而父母却一寸又一寸地归于尘土。

3 /

在一个谈话类节目中，男嘉宾说："我学习不好，不会做饭，不会照顾自己，直到妈妈临走的那一刻，她可能都觉得她的儿子是个不成功的人。"

女嘉宾赶忙纠正道："她不会的，我是个做妈妈的人，妈妈永远都不会觉得她的孩子是个不成功的人，她只是担心你照顾不好自己而已。"

妈妈顶着一个名为"妈妈"的头衔，面对的是生活的七零八碎，身材的走样，情绪的起伏，算不上舒服的生活把曾经漂亮、自信、干净、整洁的女孩磨成了满脸皱纹、自信消失、魅力全无的大婶……而这还不是最糟糕的。

最糟糕的是，她这样辛苦地活着，却看着自己寄予厚望的宝贝正在日渐一日地变成一个丧穷弱尿的家伙——时不时对世界失望，时不时放纵自己，时不时伤害自己。

这让她觉得自己没做好，哪怕她已经竭尽所能了，可还是觉得对你有亏欠；哪怕她是拿自己的心铺成的路，可还是怕你走上去硌了脚。

你的妈妈也许温柔，也许软弱，也许不讲理，但不管她认识你多久，她不懂你都是正常的，因为她一辈子都生活在她的圈子和阶层里，她没机会去见你见过的世界，没机会去体验你有幸体验的人生。

所以，你应该努力变优秀，并且对她有耐心，然后带她去见识更大的世界，而不是站在她有限的认知的外面，指责她的无知和狭隘。

同样地，你的爸爸之所以每天看起来都愁容满面，说话也无聊乏味，是因为他一睁开眼睛，周围都是要依靠他的人，却没有他可以依靠的人。

曾经在你眼里是能够搞定所有麻烦的英雄，可如今，他的超能力貌似消失了。你也终于明白，超人其实还是人，也有他搞不定的、卑微的、内疚的、遗憾的事情，他之所以还能挺住，是因为他必须以"父亲"的名义站在那儿。

爸爸也许木讷，也许寡言，也许不近人情，但可以肯定的是，他并不具备一眼就看穿你的超能力。

所以，看到你颓废、慵懒、沮丧的时候，他只能简单地说一句"振作起来""要加油啊"，你就算没办法做到，也应该勉为其难地回一句："我会的，爸爸。"

对父母而言，儿女就像是前世的债主。

如果儿女没本事，父母就会力争当好一艘渡人的小船，在闭眼之

前,把儿女能送多远就送多远。

如果儿女有本事,他们自己就是乘风破浪的大邮轮了,父母就会想着当好邮轮上的救生艇,万一出了什么状况,他们还能把儿女送到岸边。

其实父母也会害怕,也觉得辛苦,只是因为儿女的存在,他们知道了还有比害怕更重要的东西,所以握起了长剑,变成了英雄。

为人子女的要明白:父母对你的要求和指点,不是在找碴,不是维护权威,也不是想要操控你的人生,只是因为他们习惯了父母这个身份。他们为你操劳了一辈子,他们担心你搞不定生活,担心你做不好大人,担心你工作上偷懒犯浑,担心你感情上被骗、被欺负……所以只要还活着,他们对你的担心就没办法停下来。

所以,不要因为回家没意思就不回,不要因为父母絮叨就逃跑,不要一回家就盯着手机里的热闹,不要把"你又不懂""你又不知道""你又帮不上什么忙"挂在嘴边……

也不要因为一点儿小过失就对父母疾言厉色,不要紧盯着父母与生俱来的不完美,去了解他们是如何在外面打拼的,去看看他们是如何卑微地向这个世界低声下气的。

时间夺去了父母的青春,让他们的身体衰老、观念落后、记忆减退,甚至会变得邋遢,不能自理……

但你千万不要忘了,他们的青春都花在了谁的身上。

所谓父母，就是你以一声"爸妈"为噱头，向他们没完没了地索取；而他们以"爸妈"之名为枷锁，对你毫无保留地付出；

就是对着你的背影有时骄傲，有时忧心，有时想多叮嘱几句，有时又欲言又止，有时想追上去却又不敢声张，有时想多帮一把却又力不从心，有时把命都给你了却还觉得没给够，最后只能微笑地迎来送往。

4 /

一个新潮的女生说，前几天穿了一件时髦的外套，跟妈妈显摆的时候问了一句："有范儿不？"结果妈妈回答说："有有有，在锅里，我去给你盛。"

女生憋着笑，吃了两大碗。

一个吃货大晚上在朋友圈发了几张令人垂涎欲滴的美食照片，还跽了一句："深夜报复社会。"

结果他爸爸的电话马上就打过来了："你搞什么啊？有问题跟我们讲啊，不要乱来。"

这个吃货笑得快要岔气了，最后说："你明天给我做一份油焖大虾，我就没事了。"

一个奥迪车主把车子借给朋友当婚车，车子送回来的时候，外壳上面有一些胶水没洗干净，车主的老父亲看见了，直接用钢丝球擦了一个上午。

看着"伤痕累累"的车子，车主没有生气，而是很感动地说："擦得可真仔细啊。"

一个进城务工的小伙子说，在离家的前一个晚上，父亲误把移动硬盘当成了移动电源，充了一个晚上。

早上，他拿着滚烫的移动硬盘，放弃了安全教育，转而开心地对父亲说："这次就不怕路上没电了。"

一个医生的母亲几年前因为中风导致了瘫痪，母亲开始觉得自己是个累赘，甚至想过结束生命。

医生就对母亲说："妈，我最近总是迟到，领导都批评了好几回，你以后能不能每天都喊我起床啊？"

从那之后，她母亲每天都会把自己从床上撑起来，一瘸一拐地挪到她的房门口，准时地把她喊醒。

所谓孝顺，就是理解父母的良苦用心，包容他们的错误，体谅他们的不完美，顺从他们的不变通，以及最重要的——永远永远要让他们觉得自己还有用处。

每个人的父母都会犯错，工作太忙的会缺失陪伴，读书不多的会不懂教育，观念守旧的会引发冲突。可生而为人，每天要面对那么多的鸡毛蒜皮，谁能做到完美无缺？

当你恼火于父母经常被保健品欺骗的时候，你何尝又不是网红产品的韭菜？

当你嘲笑父母烧香拜佛是迷信的时候，你转发的锦鲤和心心念念的星座又算什么？

当你不可一世地把一张臭脸甩给他们，告诉他们这错了、那少管的时候，你知道自己的样子有多么恶毒吗？

小时候，你很爱父母；成长的路上，你开始批评父母；等成熟之后，你开始原谅他们。

以前的你很讨厌父母之间"比孩子"，觉得那很幼稚，但现在的你会很努力变得优秀一点儿，既是希望自己成功的速度能够赶上父母老去的速度，也是希望自己能够满足父母的小小虚荣。

因为你知道，请妈妈吃的那份两百多元的水煮鱼够她跟人说两百多遍，在机场拍的那几张合影够爸爸看好几年，而平时类似于工资涨了、职位升了、谈恋爱了、拍了好玩的照片、吃了好吃的东西……这些发生在你身上的事情足以让父母乏味的生活变得五彩斑斓。

是的，溺爱孩子也许不对，但溺爱父母怎么样都不算过分。

儿时心目中的那个超人，因为生活的重担，他早已变成了一个糟老头子；儿时眼里的巧妇，因为岁月的侵蚀，她慢慢变成了一个唠叨的妇女。

相比几年前迫不及待要去远方看看，如今的你更希望拿出假期的大部分时间在温柔的灯光下和家人吃几餐饭。

相比较以前志忑于失败、批评和误解，如今的你更害怕听到任何与病痛、意外、死亡有关的新闻，每年的生日和新年愿望都变成了

"祝家人身体健康"。

人生最大的教养，就是接受父母的平凡。

5 /

从出生的那天起，你就已经走在远离父母的路上了。

你先是从妈妈的身体里脱离，然后是从爸爸的怀抱里挣脱，再是从家里摔门而出，最后是换一座城市另起炉灶。

你的一生都是在卖力地跟父母告别，而父母却在用一生对你说，"路上小心啊"。

当儿行千里成为当代人的常态时，为人子女最容易犯的错误就是：以为父母会永远都在。

你总是很忙，忙着工作，忙着逐梦，忙着讨好，忙着觥筹交错……却唯独没有时间待在父母身边。

你总是在等，等功成名就，等忙完这阵子，等找到对象，等拿下这个项目……但等来的只是白发越来越多的、身体越来越差的、步伐越来越慢的、讲话越来越小心翼翼的两个老人……

你总是打断他们的劝告，忽视他们的建议，违背他们的意愿，拒绝他们的关心，甚至有意无意地告诉他们："你们已经没用了，我不需要你们了。"

时间就像小偷，它乔装打扮，然后像个贼一样潜入你家。它会用双手抓住父母的头发，用拳头猛击父母的牙齿，用吹风机的最热挡烘干父母皮肤上的光泽，偷走他们眼里的光彩、耳朵里的声音、舌尖上的味觉、肠胃的韧性……

而你，就是时间的同谋！

时间带走了妈妈的美丽，带走了爸爸的脾气，它让苍老几乎以肉眼可见的速度在父母身体上发生。

所以，在力所能及的范围内，在一切还来得及之前，请对父母多一点儿关心，多几句问候，多几次闲聊，多几回敞开心扉，多几分体谅。

哪怕只是让他们多看几眼，哪怕只是在厨房里帮忙递个盘子，哪怕只是一起吃顿饭，哪怕只是拿一件旧物共同回忆往昔。

小的时候，你希望爸爸妈妈能少说两句；长大后，爸爸妈妈却希望你能多说两句。

他们总是强调"不用惦记我"，却在每次接到你的电话时欣喜若狂；他们总是唠叨"别乱花钱，我什么都不缺"，却在每次收到你的礼物时恨不得跟全世界炫耀。

所以，不要让父母的懂事成为你冷漠的理由。

切记，来日方长的下一步往往都是后会无期，睹物思人的后半句永远都是物是人非。

父母生前，为他们多盛一次饭，远胜过百年后为他们烧万炷高

香；父母生前，让他们对你多一点儿放心，远胜过在他们百年后买天价的风水宝地。

最后，读一首戴畅的小诗吧："瀑布的水逆流而上，蒲公英的种子从远处飘回，聚成伞的模样，太阳从西边升起，落向东方。子弹退回枪膛，运动员回到起跑线，我交回录取通知书，忘了十年寒窗。厨房里飘来饭菜的香，你把我的卷子签好名字，关掉电视，帮我把书包背上。你还在我身旁。"

05 如果仅仅只是喜欢，
  就不要夸张成爱

1 /

星期五的晚上，我被一个女生的私信吓了一大跳。她说她仔细数了一下，至今已经谈了三十八次恋爱。

我问她多大了，她说她是个二十三岁的老阿姨了，刚刚大学毕业，也刚刚分手，有一些困惑，想问问我的看法。

提问之前，她给我发了两张她的照片，估计是想说："你看看，我长得还是挺不错的吧。"

她说："我不是那种故意玩弄别人感情的人，每个恋爱对象都是对上眼了才开始谈的，可最长的一段恋爱也就五个月。我想问一下老杨，为什么我谈恋爱的时间越来越短了？"

我答道："大概是因为你太招人喜欢了，所以一旦眼前这个人让你稍微有点儿不爽，你就想着换下一个，反正你又不缺人喜欢。"

其实我还挺想多问一句：你是不是觉得，如果让前任判断，自己和一千万应该挺难选的？

恋爱多而且短，很重要的一个原因是开始得太容易了。

才认识三分钟就能爱得死去活来，表白成功了就卿卿我我，不成功就独自凄凄惨惨戚戚，伤感了几首歌的时间，转身就去找下一个。

刚刚还信誓旦旦地说"我愿意等你一辈子"，结果对方微信没有秒回就会气急败坏地问："你死了吗？"

他不知道你讨厌什么，因为你不敢说你讨厌他走路时双手插兜的臭屁样子，也不敢说你其实没那么喜欢他推荐的电影和音乐。

而他连你喜欢吃什么都没弄清楚，就大言不惭地说"我养你啊"；连你生气了都看不出来，就好意思说"爱你爱到了骨子里"。

心里有困惑，宁愿去问知乎、问微博、问公众号，也不愿跟自己的恋人坐下来心平气和地、开诚布公地说出各自的疑惑、顾虑以及真心话。

遇到问题不是想着解决，而是直接忽略掉带来问题的人，你的内心戏是："凭什么要我迁就你啊？追我的人那可是排着长队呢！"

结果是，每段感情都不清不楚地开始，又不明不白地结束，幼稚得就像幼儿园的小朋友玩过家家。

一旦发现自己的付出没能赢得喝彩就觉得心寒，一旦发现对方会错了意就想快速离场。

这像极了严歌苓在《芳华》里写的那样:"那是个混账的年龄,你心里身体里都是爱,爱浑身满心乱窜。给谁是不重要的。"

有的人以为心动就是爱,其实你爱的只是用新鲜感制造出来的怦然,并不是那个人。

所以,只是三两个月的时间,当你看腻了他的皮相,习惯了他的声音,熟悉了他的拥抱,他就变成了跑光了气的可乐,再也不能让你怦然心动了。

于是,你马不停蹄地去找下一瓶可乐。

有的人谈恋爱就像是吃东西,其实自己并不饿,但看到好吃的就馋了,尤其是看到别人都在吃,所以就决定吃了。可吃到嘴的时候又觉得没那么好吃,然后后悔。

没过多久,再重复一次。

这哪是爱情,只是两个孤独又无聊的人互相配合着打发时间罢了。一个用深情来掩饰自己对异性的渴望,一个用深情掩饰自己对被爱的渴望,仅此而已。

2 /

瞿姑娘属于微胖的类型,她男朋友则是又瘦又长,两个人拥抱的时候,就像是一双筷子夹着一块五花肉。

他们恋爱了一年零三个月，但男生从来没有晒过瞿姑娘的照片，理由是"不喜欢秀恩爱"。

结果分手后的第三十六天，男生就在朋友圈里疯狂地秀他的新女友。

瞿姑娘后知后觉地说："原来他不是不喜欢秀恩爱，而是觉得我拿不出手。"

她这才想起来，一起看电影的时候看见熟人了，男生紧张地撒开了自己的手；

一起去喝咖啡的当天，男生发了朋友圈，但只是发了一个杯子；

他们一起去旅行的时候，男生只发了风景照，其间还多次拒绝了瞿姑娘的合影要求……

想到这些，瞿姑娘的脸色越来越难看，就像是突然意识到自己吃过的东西其实早就被苍蝇叮过。

被认为拿不出手是什么感受呢？

就是动不动就把"你太胖了""你就别来了""你要不自己先走吧""你就没有别的衣服了吗""你能不能化个妆啊"挂在嘴边。

就是你们养的阿猫阿狗天天三百六十度无死角地出境，但你到死了也没机会露个脸。

很多时候，让人心灰意冷以致决心放手的，常常不是因为他的穷、丑、懒，不是不回消息、不主动联系、不把自己晒到朋友圈里，而是对方咄咄逼人的态度和语气、显而易见的敷衍和不耐烦,以及不经意间流露出来的瞧不上和无所谓。

所以,如果仅仅只是喜欢,就不要夸张成爱。这种爱有什么用呢,又不是最爱,又不是偏爱!

大家都是成年人了,不爱了或者想分开了,是可以清清楚楚讲出来的,犯不着故意隐瞒、拖延,也用不着撒着弥天大谎却做见不得人的勾当。

到最后,让人生气的不是你的花心,而是你在浪费时间。

想对"被认为拿不出手"的倒霉蛋说:

感情开始的时候,你要确认一下"我喜不喜欢面前的这个人",以及"我喜不喜欢当下的自己"。如果因为喜欢他而变得卑微,甚至连自己都瞧不起自己了,就说明这段关系并不适合你。

合适的重要证据是:你们一起成长了,共同升值了,对未来有更多期待了,而不是让你慢慢长成一张被生活欺负过的脸。

想对有着迷之自信的浑蛋说:如果你觉得她普通,就不要赞美她的笑容;如果你瞧不上他的平凡,就不要享受他的陪伴。

这个世界除了极少数的男神女神,大部分人的外貌都是有缺点的,大部分人的才华都是存在不足。保护、鼓励、理解,看着对方一天天在自己的爱护下变好、变优秀,这是作为恋人的义务。

你不能把对方的爱踩在脚下,把自己垫得高高的,再回过头去鄙视他。你真的配得上这份爱吗?

你不能每次都要求飞蛾别来扑火,蜡烛是不是也可以自己灭掉?

一个善意的提醒:请务必珍惜眼前这个掏心掏肺对你好的人,因为你不知道还要再等多久才能遇到另一个瞎了眼的。

3 /

在向喜欢的女生表白之后,Q先生被对方狠狠地拒绝了。

他惨兮兮地跟我说:"我难过死了。"

他说他真的很爱那个女生,可以为她付出一切,可以为她做任何改变,甚至是为她去死。可是这个女生既不欣赏他,也看不到他的诚意。

他还给我看了一下女生的回复,看完之后,我真想起身给这个女生鼓掌。

女生的原话是:"我不会对你热情的原因是,我房租、水电费自己掏,肚子饿、没衣服穿自己解决,感冒发烧自己去医院,寂寞无聊自己看电影,没钱自己熬……你说我凭什么对你热情?难道就凭你一句'我好喜欢你''我又想你了'?请问你在开什么玩笑?"

Q先生对我说:"我感觉自己是个废物。"

我用意念回复道:"自信一点儿,把'感觉'两个字拿掉。"

一个成年人,理应在追求恋人的过程中,不断地提升自己,可以是拓展见识,可以是努力涨工资,也可以是美容或者健身,但绝不应该只用"我会对你好"这种虚无缥缈的东西去追求一个各方面条件都远好于自己的异性。

爱情是一个强者和另一个强者的风花雪月,而不是一个弱者对一个强者的苦大仇深。

是的,虽然你没有豪宅豪车,没有潘安之貌,甚至没有一份像样的工作,但是,你可以每天早上跑五条街为别人买豆浆油条。

你说,这么好的你,多适合送外卖。

一个人如果没有正确的三观,没有稳定的情绪,没有成熟的性格,没有独立的经济条件,稍微做了点儿什么就觉得自己"付出了很多",这根本就不叫爱,这叫耽误。

难道别人要以你喜欢他为荣?难道你喜欢他、觉得他比别人好,他就得为你的不会说话、不会做人、不上进买单?

我想说的是,被优秀的人拒之门外,首先要低头审视自己配不配,而不是责怪对方为什么让自己这么狼狈!

你只是空口无凭地说"我可以把我的一切都给你",但问题是,你的一切不还是一无所有吗?

当然了，如果你只是单纯地想知道一个人的品位如何，那你就试着跟他表白，如果他没答应，说明他的品位还可以。

如果你只是单纯地想要个朋友，你可以去找你暗恋的某某表白，对方有极大概率会告诉你"我们还是适合做朋友"。

4 /

凌子失恋的时候把所有的微博都清空了，只留了一句话："我以为爱可以排除万难，不承想万难之后还有万难。"

凌子刚和男生在一起的时候，所有人都反对。因为男生没有工作，有时连房租都交不起。但凌子就是鬼迷心窍地喜欢他。

然后，她帮男生打点关系，帮他贷款，帮他创业。结果新公司刚有了一点儿起色，男生转身就去找他的前女友复合了。

凌子问我："我实在搞不明白，为什么他不一开始就去找他的前女友呢？"

我近乎残忍地回复道："大概是因为他需要钱，所以才选择了你；大概是因为怕前女友太辛苦，所以等赚到钱了才去找她。"

她问："那我该怎么办啊？"

我说："你应该去找个没人的地方，正儿八经地大哭一场。毕竟是一把刚遮完风、挡完雨就被抛弃的伞，总得去无人的角落里再独自流一会儿眼泪。"

一段感情，如果全程都是靠钱来撑着，那跟进了 ICU 有什么区别？

曾有人写道："人生像条大河，可能风景清丽，更可能惊涛骇浪。你需要的伴侣，最好是那能够和你并肩立在船头，浅斟低唱两岸风光，同时更能在惊涛骇浪中紧紧握住你的手不放的人。换句话说，最好她本身不是你必须应付的惊涛骇浪。"

电池不是突然就剩百分之一的电量的，太阳也不是突然就日暮西山的，他也不是突然就不喜欢你的。

你只是从一场噩梦中醒来，现在要做的事情是让自己明白那不过是场梦。

等你彻底醒了，你就会意识到：自己还有很多事情要做，还有很多地方要去，还有很多好东西要吃，到那时，你谁都可以失去。

不管他是巨蟹还是双鱼，不管他是来自一线城市还是十八线，也不管你们发生了什么，他只是他，代表不了一座城市、一种职业、一个星座；你还是你，不必瞧不起自己，也不必给自己不好的心理暗示，你的下一任可以是任何人。

你远离了山，才能看见山的伟岸；你上了岸，才能看见海的澎湃；你离开了他，才能知道他到底是个什么鬼东西。

5 /

恋爱的次数一多，人就会对爱情失去知觉。

你会发现，跟谁都不来电，却似乎跟谁都能调情。喜不喜欢似乎并不重要，只要不讨厌就可以互相纠缠。

结果是，一段感情随时都可以开始，随地都能结束。

就算是开始了，你也出奇的平静。你只是觉得有人陪着吃饭逛街的感觉挺好的，但跟这个人好不好没什么关系。

你的朋友圈里看不出一点儿脱单的痕迹，如果不是被人撞见了，你是不会主动跟谁说的。

但你也没有拿他当备胎，你不愿意公之于众是因为你很清楚感情这东西稍纵即逝，而你又不确定你们还能谈多久，说不定过个马路就各走一方了。

即便真的到了分手的那一步，你也不会很难过。

他假装为难地对你说："哎呀，我觉得吧，我们不太合适，要不分手吧。"

你爽快地回了一个"好"字。

然后，你把之前舍不得买的鞋子买下来了，又喊死党出去吃了顿大餐。

晚上回到家，你用心地敷了个面膜，临睡前稍微伤感了一下下："怎么又单身了，我这辈子是不是要孤独终老了啊？"

然后你很快就睡着了，第二天醒来照镜子，居然还觉得自己变好看了。

更神奇的是，没过几天，和你分手的那个人在朋友圈里晒了新恋人，而你一点儿都不觉得难过，甚至因为看到他现任的丑照时，你开心得就像是中了头奖，这种快乐甚至足以支撑你再熬一次2020年。

久而久之，每个人都学会了精打细算，想用最少的时间赚最多的偏爱，却忘了：比时间更奇缺的是对一个人的理解，比嘴甜更重要的是抵御诱惑的自觉，比眼缘更关键的是替对方着想的诚意。

所以我的建议是，不要急着开始，不要急着上床，不要急着谈婚论嫁，不管你是爱还是被爱，都要弄清楚"我想要什么"以及"他想要什么"。

是一纸婚约，是一个玩伴，是一生挚爱，又或者仅仅是"到年龄了"的无奈之举？

弄清这些很重要。

不要以为自己的爱情大公无私，也不要误以为别人的殷勤毫无企图。哪有不自私的深情？哪有没要求的厚意？感情的超市，什么都是明码标价。

Part IV
人和人之间还是见外一点儿比较好

⊙如果连你自己都觉得应该卑躬屈膝,那么别人当然不会觉得你值得尊重;⊙如果连你自己都不清楚自己的篱笆在哪里,那你就别怪他人侵犯你的庄园。⊙切记,怂人身上散发着的兔子气味,大尾巴狼永远嗅得出来。

01 散伙是人间常态，
只有极个别是例外

1 /

我和我的朋友有一种天然的默契——你跌倒了，我当然会去扶你，但你要先等我笑完。

所以，每当我和朋友表达对某个人、某件事的愤怒或者不爽时，他们都会语重心长地对我说："哈哈哈哈哈哈哈。"

我觉得这样特别好：

一来，表明我说的话他们确实听进去了；

二来，爆笑让他们没机会给出让我恼火或者更焦虑的建议；

三来，我的负能量非但没有影响到他们，反倒给他们带去了快乐。

友情很奇怪，有时候是"一方有难，八方支援"，有时候是"一方有难，八方点赞"，但更常见的是"走着走着，就散了"。

你以为他的沉默是较劲，其实是失望；他以为你的不解释是妥协，其实是疏远。于是，你们悄无声息地告别了。

2 /

大周末的，琴子突然给我甩了一个红包："老杨，心里堵得慌，陪我聊会儿天。"我还没答应呢，她就开始讲了。

事情大致是这样的，她最好的闺密说过完春节来看她，结果一直拖到中秋节还没动身。

琴子隔三岔五就去催一下，直到大前天，闺密给她回话了："我这就去见你。"

琴子高兴得都快要蹦起来了，她熬夜做了一套完整的游玩计划，涵盖了吃喝玩乐住行的每一个细节。她幻想两个人一如既往地谈天说地，尽兴地畅谈过去、现在和未来。

琴子再三地提醒闺密当地的天气和温度，还用心地准备了一大桌子菜等着闺密到来。

但等来的只是闺密的电话。原来，闺密是开车来的，同行的还有闺密的男朋友、闺密的两个同事，以及两只狗。而男朋友的哥们今天请客吃饭，吃完了会去K歌，酒店就在那附近。所以闺密当天不来见琴子了，把和琴子的见面推到了第二天晚上。

琴子一个劲儿地说"好"，但其实失望透了。

她以为闺密是专程来看自己的，没想到自己排在那么多事情的后面。

第二天晚上的见面也很潦草，本就内向的琴子在那个闹哄哄的房间里非常局促。几句简单的寒暄之后，闺密一行人就匆忙地离开了，因为还要去下一座城市。

琴子期待了大半年的"见面"，两个人一起聊了不到二十句话。

琴子理解不了，也接受不了："她这算什么啊？我们可是最好的朋友，怎么突然就变成这样了呢？"

我回复道："你们能像礼物一样出现在对方的生命中，这已经非常美好了，但是你要知道：大多数礼物都只能重要一阵子。"

人生就像是搭车远行，你和某个人只能短暂地同行一段路，到了站点，再不舍得，他都会下车，或者换到别的车厢。

对于已经下车的人，你可能要过很久才能意识到，自己与他的上次见面就是彼此人生的最后一面。

而对于那个换到别的车厢的人，你当然可以去找他，可惜你再也没办法像当初那样坐在他的旁边了，因为已经有人了。

成年人的友谊比想象中要脆弱得多，不过是不联系了就会自行消失，不过是"我给你发的最后那条消息，你很久都不回复，那我就默契地再也不发了"。

别看每个人都有一堆联系人，都有先进的通信工具和便捷的软件,并且都表现出很了解某个人的样子,但只要微信一删,手机和社交账号一换,就会和九成的老友互相蒸发在彼此的人生中。

这世上既然存在突如其来的遇见和始料未及的欢喜,也自然会有猝不及防的分离和毫无留恋的散场。

我们没有办法,这种无力的感觉就像是,你使出浑身解数,打出了你认为最犀利的组合拳,而对方却纹丝不动;就像是,你追着一只鹿跑了好远,箭筒里最后一支箭也已经射出去了,而鹿却安然无恙。

你只需接受,也只能接受。

所以,不想失望的话,就永远不要高估自己在别人心目中的位置。

不用耿耿于怀,不用思来想去,不用苦苦挽留,也不用细究对错。坏消息是,没有人会永远陪你;但好消息是,永远会有人陪你。

没有谁是不可取代的。你将一个老友拉入黑名单,不久也会有一个新人通过了好友申请。

你被某人的朋友圈拒之门外,也意味着你会收到另一个人朋友圈的"欢迎光临"。

只是希望你,在下一场关系中,变得优秀、好看、得体,值得被爱,也值得被珍惜。

你的每一次"变动"或者"升级"都注定会失去一部分老友,因为他们无法看到你这个位置的世界。所以聊不来是必然的,关系变淡是肯定的。你们不可避免地要从人生的十字路口悄然告别,然后单枪匹马地各奔东西。

而长大的一个标志就是适应各种形式的离别，包括骂骂咧咧地撕破脸皮，凄凄惨惨地用力说再见，以及悄无声息地再也不见。

没关系的，既然大家都是在人海里浮沉，那么你就得接受有人会突然溺亡。

3 /

董小姐不知道自己是怎么把 Q 姑娘给弄丢的。

当她在寝室里发热到三十九点五摄氏度，在床上卷得就像一只烤熟的大虾时，Q 姑娘心疼得直掉眼泪。

而当 Q 姑娘因为失恋痛哭流涕，且到处都找不到纸巾时，董小姐可以直接用手给她擤鼻涕。

她们曾经那么好，以至于董小姐以为她们会是一辈子的朋友。但谁都没想到，一辈子的尽头是大学毕业。

毕业那天，两个人在机场大厅里抱头痛哭，之后就非常默契地"没怎么联系了"。

有一次，董小姐在朋友圈里晒了一张看医生的照片。Q 姑娘给她留言："照顾好自己。"

董小姐开心到要飞起来了，她兴奋地点开对话框，先是输入了：

"哈哈,你终于现身了,我还以为你人间蒸发了呢!"然后删了,她觉得太唐突了。

又敲了一句:"太高兴了,你还惦记着我呢。"想了一下又删了,觉得太酸了。

最后想了好半天,只是在原先的评论下面回了两个字:"谢谢。"

再后来,Q 姑娘在朋友圈里晒出了新恋情,男友是个长得很乖的男生,董小姐看到的第一反应是:"这也不是 Q 姑娘喜欢的类型啊。"

但董小姐没有留言,没有点赞,也没有借此机会去私聊或者八卦,就是一刷而过了。

而最近的一次联系是三年前,董小姐突然收到了 Q 姑娘的微信:"刚才在路边看到一个人,跟你好像。"

董小姐回:"你这是想我了吧?"

Q 姑娘回:"呵呵。"

董小姐本以为这段对话的后续是"我们一起吃个饭吧"或者"我们见个面吧",但是,她们很默契地谁也没提。

不是当初的情分不够真,而是有的人只能陪你走一程。而你能做的就是:在有缘相聚时用心珍惜,在分道扬镳后各自珍重。

很多人都有类似的困惑:

小学玩得很好的人,一毕业就失去联系了,初中如此、高中如此、大学如此,就连现在工作了依然如此。

在每个环境里都能找到玩得很好的朋友，可一旦离开了那个环境，这段关系就会自动终结。

从曾经的"可以开随便哪种玩笑"到如今的"点个赞都要反复掂量"；

从曾经的"你不理我，我就揍你"到如今的"一个不主动，另一个也不主动"；

从曾经的"隐身对其可见"到如今的"在线对其隐身"……

明明当初那么要好的两个人，突然就陌生了，没有任何矛盾，没有利益纠葛，没有背叛，没有斗争，没有交恶，就像一条河，突然分了汊，悄无声息地流向两个方向。

实际上，你和大多数人的关系都是：既没有坏到形同陌路，也无法好到推心置腹。

你们只是巧合地进了一所大学，只是被分到了一间寝室，只是凑巧进了同一家公司。

当时的他需要一个在此时此地能陪自己的人，而当时的你想避免一个人吃饭、一个人看电影的尴尬。

你们结伴同行，看起来感情很深，但也只是在各取所需；你们形影不离，互诉衷肠，但也不过是因为离得很近。

所以，一旦有人换了寝室，毕了业，又或者换了工作，你们当初的亲密感就会瞬间土崩瓦解。

时过境迁却要求感情一如从前，这和刻舟求剑有什么分别？

残酷的真相是：没有谁是真的消失了，只是在和比你更重要的人联系着。

换言之，不是友情这种东西太浅薄，而是你们之前只是在浅薄地交往着；不是谁变了，只是露馅了。

没有说明缘由就从你的世界里消失的人，其实都是在无声地告诉你："不必追。"

4 /

散伙是人生的常态，我们都不是例外。

长大的过程就像是从开阔的平原慢慢走进了迷雾森林中。之前是风光旖旎的大平原，你们当然可以边走边玩，可一旦进了迷雾森林，那里麻烦密布，险象环生，每个人都要用九十分的精力走自己的路，找以后的出路，那么"散伙"是再正常不过的事情。

大家都不是故意要与你疏远的，只是因为后来的生活中有了比"跟你联系"重要得多的事情要忙。

结果是，曾经五毛钱一分钟的长途电话，你们可以聊到"倾家荡产"；如今一千多分钟的免费通话，却不知道该打给谁。

慢慢你就会明白，"祝你前程似锦"的意思就是"我们再也不见"，而"后会有期"的意思就是"拜拜了您嘞"。

成年人的友谊是不深究，是不解释，是心照不宣，是自然而然，是一种冰冷的默契。

比如，我絮絮叨叨地跟你说了牛肉怎么炖才好吃，然后分享了最新要上映的电影，还发了一个好笑的短视频，你可能当时有事在忙，没来得及回复我。

但当你看到消息时，你会逐一回复："我今天下班了就试试你说的方法""新电影上了，我们一起去看啊""视频里的小狗也太好笑了，哈哈哈"。我就会觉得你特别值得我投入热情。

但是，如果我对你说了一大堆，你只回了一个"哦"，或者敷衍地回了一个"哈哈"，又或者干脆不回复。那么我保证，从今往后，我都不会再发给你了。

人性的自私不允许我一直不要脸。

一旦我察觉到了你的不在乎，我就会自觉地退避三舍，然后将我们俩"互动关系"的评级下调到"点赞之交"的级别，而不是想方设法去焐热这段关系。

当我无法从你身上感受到我的重要性时，那么你在我这里也就不重要了。

所以，我不会在莫名其妙被人删除之后去追问他"为什么"，我只会把存储这个人回忆的文件夹从我的脑海里扔进回收站里，再点一次"清空回收站"。

反正我的态度是，不管我们曾经有多亲密，谁想离开，随时都可以，你甚至都不用告诉我为什么。

5 /

散伙是人间常态，但有极个别是例外。例外是什么样子呢？

（1）见面的时候不用特意戴上面具，吃饭的时候不用考虑坐姿和吃相，聊天的时候不用斟酌用语或者逻辑，发视频或者语音前不用整理情绪。

（2）知道"我有个建议"的意思是"你可以不听"。知道"我给你提建议"，不等于"我在否定你、操控你"，只是给你一个参考，如果你没看上，是可以不参考的。而如果"我没接受你的建议"，并不等于"不识好歹"或者"好心当成驴肝肺"，只是我几次三番地权衡之后，还是坚持了自己的选择。

（3）明白"我喜欢和你做朋友"的意思是"你在我这里不必完美无缺"。因为"我喜欢你"，所以不会要求你必须怎样，或者逼着你改成什么样，而是希望你能继续真诚地做你自己，因为"我既喜欢你的清澈和光芒，也喜欢你的混浊和晦暗"。

（4）不管我们认识了多少年，即便现在没有从前那么亲密，但我还是会发自内心地盼着你一切都好，并且我确信你也会这样祝福我。

（5）我们有各自的秘密，不会要求对方毫无保留，但如果谁哪天想说，对方随时都肯洗耳恭听。

（6）明白"我跟你痛斥谁，不是为了听你讲正人君子那套大道理,只是单纯想要你和我一起骂娘"。

（7）明白"分享心情多多少少都带着一点儿'希望被你认同'的成分",因为于对方而言,你和其他人是不一样的。

长久交往的秘诀就是：激烈地赞同彼此,愉快地各抒己见；得意时互相关照,失望时互相原谅；志同道合时齐头并进,天各一方时遥祝君安。

关于友情,我的建议是：

不要蠢到用认识的时间长短来衡量感情的深浅；

不要企图用利益去升华友谊,往往是因为没有利益冲突,所以关系才不错的；

不要以为打了个照面就是朋友,价值才是人际关系的核心；

创业不要找朋友,招聘不要找朋友,兼职不要找朋友,交情并不能成为共事的基础,能力才是；

如果有一天,你们真的做不成朋友了,那么再不舍得也要学会告别,而"我还记得你的好"就是成年人之间最好的告别。

切记,江湖规矩就是人走茶凉,默契散场,不要问,问就是不懂规矩。

02 要及时止损，
　　才不会被混账的生活得寸进尺

1 /

租来的房子刚住满三个月，房东就提出涨房租。七七回复道："嗯，知道了。"

她没有跟房东抱怨自己的艰难处境，也没有跟朋友控诉房东的贪婪。

她只是查看了自己的账户余额，然后仔细核算了房租、生活费，以及各项贷款的还款日期，再根据最近半年的开支，调整了花钱和赚钱的计划，包括推迟换手机，做兼职，申请加班。

刚把一个艰难的任务磨完，老板又安排了一项远超出她能力的新任务，类似于说："你写出一套方案来，是个人看见了，就会想买。"她回复道："嗯，知道了。"

她没有抱怨"为什么我这么倒霉"，也没有指责老板"这是什么丧心病狂的要求"。

她只是在想该从哪里着手干，遇到不懂的地方，她就去找前辈帮忙，搞不懂的事情就多花点儿时间学习。她把精力都放在解决问题或者靠近目标上，而不是放任糟糕的情绪把自己拖向崩溃的深渊。

点的外卖迟到了一个半小时，快递员打电话来告知，她回复道："嗯，知道了。"

她没有费心思去找商家或者平台投诉，也没有不停地跟自己强调"我要饿死了"，更不会脑补一出阴谋论："快递员肯定是先送别人了。"她只是接受了外卖迟到的事实，然后洗了个苹果吃。

让糟糕的事情到此为止，才不至于引发情绪的连环爆炸；和不那么美好的既定事实一刀两断，才不至于把美好的此时此刻也搭进去。

你当然可以像一只被踩了尾巴的狗一样抓狂、愤怒、号叫，但到头来，你还是得接受。

因为失控的情绪不仅不能解决问题，还会扩大问题。

你以为你吼了，对方就怂了？

你以为你摔了东西，麻烦就消失了？

你以为你当众大闹一场，糟心事就过去了？

不会的。

对方只会更无赖地吼回来，麻烦只会升级成大一号的麻烦，而糟心事会从"一件"变成"一堆"。

所以，在问题出现的那一瞬间，一定要控制好自己的情绪，不要歇斯底里，不要偏执，不要不过脑子就发出声音，而是要学会忍耐，试着冷静。

忍耐不是让你不管这件事情，而是避免在情绪失控的时候做出错误的、让自己丢脸的、造成严重后果的事情来。

冷静不是让你压抑自己的情感，而是让你分清轻重缓急——先要想着怎么解决问题，其他的都可以"以后再说"。

如果恶形恶状地处理一件事，就算赢了也等于输了。

我的建议是，不要在开始之前就害怕结束，不要在拥有之前就害怕失去，不要因为"可能出现的糟糕情况"而把本应该快乐的日子提前过得糟心。

如果宇宙间的一切力量都在处心积虑要把你的牛奶打翻，那么你哭也没用，担心也没用。

既然是注定会发生的事情，就不要费力气去想怎么制止它。不如认真地想一下，如果牛奶被打翻了，该怎么收拾。

所谓的及时止损，就是明白已经发生的真的改变不了了，就是接受已经失去的已经失去了，就是相信不合适的是真的不合适。所以，不论局面多么糟糕，你都会想着争取一点儿积极的东西。哪怕是已经损失了一百万，也要努力避免再损失一百元。

2 /

最近学会了一句拒绝人的狠话:"要不这样,以后你就当我死了吧。"

说这话的人叫王坤,他刚排了半小时的队给X带了一杯咖啡,结果X一句感谢的话不说,还抱怨了一句:"怎么不冰了?"

王坤早就想把X拉黑了,但碍于同事的情面,一直拖到今天。

半年前,得知王坤要去日本玩,工作上没有任何交集的X特意加了王坤的微信,让他帮忙带一部手机回来。王坤一开始是拒绝的,他说"时间太紧了",可经不住X的软磨硬泡,就同意了。

结果是,王坤要从五天的假期中抽出一天特意去某个大卖场给X买手机,排队、搭车、问路、刷信用卡……一堆的麻烦事之后,终于买到了。

告诉X手机的价格时,X来了一句:"这也没比国内便宜多少啊!"

王坤都要气炸了。

而就在今天早上,从来不打招呼的X突然给王坤发微信:"你还好吧?"

王坤有点儿蒙:"我?挺好的啊,怎么了?"

X:"哦,刚才经过你的工位,没看着你,以为你怎么了呢。"

王坤:"早上睡过头了,马上就到公司了,哈哈哈哈。"

X:"哦,那你一会儿上来的时候顺便帮我带一杯咖啡吧。"

王坤:"?"

X："就在公司对面，新开了一家咖啡店，听说很好喝，你也试试。"

王坤把他俩的对话截图发给我的时候，另附了一句话："每次跟他说话，我的脑子里都有一种很强烈的冲动，就是想去问问上帝，为什么给了某些人脑子，却不给说明书？"

我回复道："看着他四室两厅三卫的大脸，你是不是想在自己的头顶 P 上一串加粗加黑的点线？"

他回了一串捂脸的表情，然后告诉我已经拉黑 X 了。

快意人生的起点是：你拒绝别人的同时，能够不带任何内疚！

成年人的世界哪有什么大不大度，别人再三让你不高兴，你就远离他。

礼貌一点儿的说辞是："对不起，借过一下，我没时间在你这里不开心！"

周国平曾写道："在某一类人身上不值得浪费任何感情，哪怕是愤怒的感情。我把这一点确立为一个原则：节省感情。"

是的，感情和精力要浪费在值得的事情上，温柔和可爱也要留给值得的人。

那么你呢？

你在某某的朋友圈里评论，别人没有回复，你就觉得她是不是对自己有意见了，是不是自己最近惹着她了？

你总是反复咀嚼失败或者尴尬的瞬间，越想越觉得自己像个没用的垃圾，然后情绪瞬间丧得不可收拾。

碰见一个不太熟的人，你反复分析他的表情、眼神、打招呼的语气，越想越不对劲，然后觉得那个人不喜欢自己，或者有意针对自己。

有些事弄不懂，就不去懂；有些人猜不透，就不去猜；有些理儿想不通，就不去想。

你的精力有限、耐心有限，不能被周围的庸俗、肮脏，消磨掉你的涵养和天赋。

何为及时止损？就是发生不愉快之后，不从对方的只言片语里解读出一箩筐的弦外之音。

那些内心贫瘠、没有分寸、嘴巴把不住门、只想占便宜、灵魂不能自理的人，只要一出现就能轻易让你生气，他们掠夺你的时间，消耗你的精力，而一旦你拒绝了他们，他们甚至还会生气地说你"内向"，甚至是批评你"自私"。

面对这些无礼的人和他们无理的要求，不要编造模棱两可的理由，不要说什么"我在开会""我现在没时间""等一会儿我再看看""到时候再说"……

你要明确地让他知道，你不感兴趣，你不想了解，你不愿意跟他废话，你不想帮这个忙。

所以，不要尝试鹤立鸡群，请尽早离开那群鸡；不要相信"出淤泥而不染",请离淤泥远远的。

一个善意的提醒: 如果你讲了一大堆语句通顺的中国话,而我只是缓缓地回了你一个"？",不是我没明白你的意思,而是我觉得你的脑子有毛病!

3 /

有个姑娘问我:"我总想知道前任过得怎么样,我是不是有问题啊？"

我回:"多少是有点儿。"

她又问:"那前任会想知道我过得怎么样吗？"

我说:"如果你是被分手的,那大概率不会。"

她追问:"那他大概率会怎样？"

我说:"他大概率会忙着吃好吃的、玩好玩的、陪他后来喜欢的人,过着有滋有味的生活。毕竟,旧感情对他来说毫无意义,更别说像你这样被丢弃的人。所以,请收起你的好奇心,你的生活中早就没有'前任'这个东西了,只有现任或下一任。"

过了好一会儿,她给我发了截图,是一段发给前任的告别赠言:"对不起,喜欢你这么久了,差点儿就把你当成我的人了。我不仅没有机会抱住你,我还把自己弄得遍体鳞伤。希望你以后不要再遇到像我这样难缠的人了。"

这段话下面是系统提示:"×××开启了朋友验证……"

我只回了一句话:"有些事到此为止,就是最好的收场。"

你为了这段早就被对方宣判死刑的感情,求也求了,哭也哭了,闹也闹了,也不吃不喝不睡觉了,还在朋友圈里丑态百出了,所以你此时最该讲的不是"难道他都忘了吗",而是提醒自己"要点儿脸吧"。

让赌徒万劫不复的,并不是一直在输的事实,而是"下一局能赢"的残念;让你痛不欲生的,也不是"他已经不爱你"的事实,而是"他可能回心转意"的执念。

你对他的那股强烈的喜欢,混杂着委屈、不满、憎恶、舍不得和不甘心,像潮水一样退了又涨。

可问题是,你不能拿"我还爱你"去挽留一个已经不爱你的人,就像你不能拿熬夜去胁迫今天不要结束。

花都已经枯萎了,你浇再多的水都是多余的。

我的建议是,不要因为一段感情已经投入了很多精力就不计代价地维持下去。不管对方曾经对你有多好,也不管你现在有多喜欢他,如果他现在给你的只剩下伤害了,那么你就该想办法结束这段关系。

不要以展现自己的无能或者可怜的方式来换取关心。你有多讨厌那样的自己,别人就可能有多三倍的厌恶和鄙夷。

也不要以暴露自己缺陷和弱点的方式来换取信任。你可以在黑夜里深刻地检讨自己，但不要在众目睽睽之下卖惨，那只会让你像个正在展览的残次品。

更不要因为不被爱就恼羞成怒。真的没必要你推我搡、把一段好时光洒满了撕来撕去的狗血，才唾骂着离开。

你可以不爱他了，但不能不爱这世间万物。不信你看外面月光皎洁，真的不适合肝肠寸断。

人呐，就像一位公交车司机。一路上会有很多人上下车，有你喜欢但留不住的，也有你讨厌但不肯下车的。

怕就怕，看到喜欢的人到站下车了，你就一直停在原地等，结果既耽误了其他乘客的行程，也耽误了你自己的前程。

更可怕的是，你发现讨厌的人还在车上，就一直跟他吵，吵到昏天暗地，头脑发热，结果要么是身心俱疲地烦了一路，要么是方寸大乱地开进沟里。

需要特别说明的是，终结烂桃花需要及时止损，维系一份长久的感情同样需要。

你要止的是裂痕的进一步扩大，是好感的不断流失，是误会的逐渐加深，是这段关系滑向不可收拾的程度。

所以我的建议是，停止冷战，收一收脾气，留点儿面子，给个台阶，然后，及时沟通，及时认错，及时和好。

人心不是二十四小时营业的便利店，不是你什么时候来都有人笑

脸相迎。人心是小本买卖，热情入不敷出几天，可能就倒闭了。

4 /

《清醒思考的艺术》一书中讲了一个小故事，说是有个人去巴黎玩，因为酒店没能给他安排能看见埃菲尔铁塔的房间，就大闹前台，他的原话是："你们把我的巴黎之行都给毁了。"

须不知，对整个旅程来说，一间能睡个好觉的房间远比能看见铁塔的房间重要得多。

而且，只要你走出酒店，就能把铁塔看个够。

如果你紧盯着自己的损失、紧盯着已经发生的错误不放，那么你身上的热情和身边的美好都会黯然失色。

身处沼泽之中，待得越久，就越难受；陷得越深，就输得越多。

那么你呢？

因为早上不小心踩着水坑了，就一直抱怨自己倒霉，结果影响了一整天的工作状态；

因为昨天晚上跟某某吵了一架，白天工作时就一直在想着怎么反击，结果根本不知道老板在会议上强调了什么；

因为不记得有没有锁门，和朋友在游乐场玩的时候也一直惦记着这件事，结果无心享受同游的快乐时光；

因为和一个不靠谱的人谈恋爱，一次一次地被欺骗，然后一次一

次地选择原谅,结果耽误了大把的青春;

因为和别人在网上互撕,唇枪舌剑了一下午,结果正事一点儿没干,心脏还被气得生疼。

类似的还有,去一家餐厅吃饭,发现要排很久的队,但你想"来都来了",结果硬生生地等了两个多小时。

买了电影票,发现根本就看不下去了,但想着"来都来了,钱都花了",结果是在电影院睡了一小时。

假期景点人头攒动,眼看着手里的门票,心里想着"来都来了",结果是除了被挤得怀疑人生,什么都没看着。

成年人的情绪往往是自己与自己博弈的结果,想通了就是一路繁花相送,想不通就是继续画地为牢。

生活就像是在玩"超级玛丽"的游戏,你没办法往后退,你的身后有一堵无形的墙,它会逼着你往前走,就算刚刚少吃了几块金币,就算少撞了一个加分项,你都得继续往前冲。

毕竟,扑面而来的问题多着呢!

一旦你意识到自己的精力有限,意识到自己的时间宝贵,你就不会再为面子消耗时间,不会揪心于某人拐弯抹角的言语,不会在"有怨不敢言"的旋涡里自我拉扯,不会费心思去分析他人对自己的看法,更不会浪费时间在网上跟陌生人吵个没完……

怕就怕，你知道电影很烂，知道外卖难吃，知道交情没那么深，知道某个决策是对的，知道你们的婚姻早就名存实亡了，知道这些东西根本就不会再用第二次，却因为"钱都付了""都这么多年了""孩子怎么办""来都来了""万一以后要用呢"，所以你选择继续撑着、熬着、堆着。

结果是，你一直困在不快乐、不甘心、不确定、不洒脱，同时又不上进、不认真、不努力、不舒服的拧巴状态中。

一个当代年轻人的四大美德是：

没那么喜欢的时候，不说"我们试试看"，也不接受谁的"试试看"；

没那么确定的情况下，不承诺"下次"，也不轻信谁的"下次"；

没那么了解情况的时候，不点评"他怎么是这种人"，也不在意别人的"你怎么这样"；

没那么熟的关系，不提"你可不可以"，也不轻易答应谁的"可不可以"。

简单来说就是：洁身自好，诺不轻许，少管闲事，以及离我远点儿。

哦，对了，就我个人而言，一言不合就拉黑的原因，除了不想继续纠缠之外，还有我怕真的吵起来了，我吵不赢你。

03 未知全貌，
　　不予置评

1 /

微博上有个很扎心的段子："我们生活在不同的世界，你住在豪华的大船上，船上衣食无忧，灯火辉煌，高朋满座，你怎么玩都不为过。而我只是抓着一块浮木，没日没夜地在海面上漂，海浪一波一波打来，我怎么躲也躲不掉，随时都有被淹死的危险，还要担惊受怕想着有没有鲨鱼经过。你却问我：'为什么不抽空看看海上美丽的风景？'"

很多事情，你眼里是轻而易举的，可能是别人费尽心思也无法企及的奢望。

很多时候，你只是脚底有泥，而别人是半个身子都在泥坑里。

所以，当你看见一个人活得很丧，不要指责他的懦弱，不要轻描淡写地要求他快乐起来，也不要责问他为什么就不能洒脱一些。

顺风顺水的人想象不出深夜在路边痛哭的小伙子正遭受着无法挣脱的折磨，而终日郁郁寡欢的人也很难理解那些眉飞色舞的人竟真的不是强颜欢笑。

"活着多好啊，你怎么能抑郁呢？"说这种话等同于对哮喘病人说："你怎么会呼吸困难呢？周围的空气很充足啊！"

"只是一粒很小的沙子，没关系的。"说这种话的人不知道的是，这粒沙子此时正在别人的眼睛里。

鼓励别人开心是一种善意，要求别人开心是一种傲慢，而指责别人不够开心则是一种暴力。

成熟的标志不是霸占道德的高地，不是讲几句没用的便宜话，而是理解别人的不如意，体谅周遭的不得已。

那么你呢？

你喜欢吃榴梿，就认为别人也应该喜欢吃，不能理解那些因为嫌弃榴梿臭而不敢吃的人。

你认为人的一生就应该结婚生子，对于那些不婚或者不生的人，就认为他们"是不是心理有问题"。

你买东西喜欢货比三家，追求高性价比，看到那些和你收入差不多的人，大手大脚花钱，就会觉得他们"也太败家了吧"。

实际上，每一个在你看来不可理喻的行为背后，都潜藏着一个不被你理解的需求。

就像是吃泡面，有的人就是喜欢口感偏硬的面，有的人则仅仅是因为没有耐心等面条泡软；有的人就是喜欢口感偏软的面，有的人则仅仅是因为忙忘记了；有的人就是喜欢干嚼，有的人则仅仅是因为懒得去泡；有的人选择泡面是因为没钱，有的人则是因为爱吃。

所以，不要在难过的人面前指点江山，不要在幸福的人面前泼冷水，不要对别人明确表示喜欢或者明显感兴趣的东西发表负面评价，不要居高临下地提醒别人为什么不选择更精致的活法。

他可能只是想难过一会儿，一会儿之后还是那个阳光明媚的他，但是你要允许他难过一会儿。

每个人都是自己的驯兽师，但不能以兽的驯服程度来评判一个人的成熟程度。因为生活给有的人分了一头狮子，给有的人分了一只羊。

2 /

有人走进一家渔具商店，看见一个闪闪发光的塑料鱼饵，他很好奇地问老板："鱼类真的喜欢这种东西吗？"

店家笑呵呵地说："这玩意儿又不是卖给鱼的。"

当你觉得一件事情不合理，觉得一个设计巨丑无比，认为某个游戏没劲透了，很有可能是因为这些东西不是为你准备的，不一定是别人有多傻。

一旦你动用了偏见去看待一件事，你就失去了认清事情真相的机会；一旦你打算批判一个人，你就看不到更好的方法去跟他沟通。

别人买了一条很贵的羊毛衫，你可以不喜欢，但没必要凑过去说，"你肯定是被骗了，真羊毛不会这么软"。

对方在意的也许并不是羊毛的含量，而是它的款式、颜色、手感，以及穿着的舒服程度和愉快心情。

别人买了一台车，你可以不点赞，但没必要告诉他"每天打车，一年也才两万块钱，比你买车划算多了"。

你根本就不知道，他上下班的距离有多远，他所在的位置可能经常打不着车，他可能需要接送孩子，他可能喜欢周末去钓鱼……他买车是用来解决问题的，而很多问题不能仅仅考虑是否经济。

别人买了一套房，你可以不祝福，但也没必要泼冷水，什么"房地产市场马上就要崩了，房价肯定会大跌"。

你根本就不知道，房子对他来说，是娶到那个姑娘的前提条件，是他在这座城市里找到归属感的物质保证。

别人完成一个宏大的目标，站在领奖台上泪流满面，你可以不鼓掌，但没必要说什么"就知道演戏给人看"。

你根本就不知道，他独自熬过了多少个漫漫长夜，独自经历了多少不敢哭出声的落魄日子，以及熬过了多少个眼泪在眼眶里打转的糟糕瞬间。

每个故事其实都有三个版本,你的版本,他的版本,以及事实本身。

那么你呢?

看见有人给贫困山区捐款,你就到处说:"假的吧,还有人收入不足一千?"

看见有人报道廉价卫生巾的新闻,你就到处说:"骗人的吧,还有人用不起卫生巾?"

看见有人提议给偏远山区捐赠大米,你就到处说:"不会吧,还有人吃不上米饭?"

你搞不懂解析几何,但不代表它没意义;你没上过珠峰,不代表它是虚构的。

有些事你无法理解,不代表这件事是错的。有些东西你没见过,不代表它不存在。

没见过人间疾苦,不是你的错,只是你比较幸运而已。

但是,以你有限的见识去否定人间的疾苦,然后用质疑的声音试图淹没援助或者求救的声音,你就是在造孽。

"理解不了"不是你诋毁一个人的理由,"没有见过"也不是你否定一件事的资格。

人格不独立的人在群体之中义愤填膺,就像池塘里没有缘由的蛙鸣,就像村子里没搞清楚状况的狗吠。

以至于有人问:"为什么要独立思考?"他的答案很可能是:"因为大家都说要独立思考。"

很多时候，你看别人像个傻子，可能仅仅是因为：别人是面镜子。

3 /

一次采访中，主持人问克林顿："你的女儿有了男朋友，已到了谈婚论嫁的时候了。作为父亲，你给她关于男人的最好建议是什么？"

克林顿毫不犹豫地说："我只对具体的男人给她提供建议，从不对男人进行整体的评价。"

可偏偏有那么多人，总喜欢站在自己的角度以偏概全。

这些人习惯了用自己的眼界、认知、生活水准去评断一切，自以为是地把外部世界全都用自己的三观去套一套。套得进去就是三观正，套不进去就是三观不正。

结果是，刻薄的人会因为自己的某次宽容而自鸣得意，笨蛋会因为自己的某个决定而自作聪明，富人会发自心底地觉得自己好穷，喷子会认为自己就代表正义。

但实际上，大家都是井底之蛙，区别仅仅在于井口的大小不同而已。

一位被老公抛弃的中年女人拼了命地减肥，大家都说她是接受不了被抛弃的现实，可实际上，她只是想救肝癌晚期的女儿。

因为医生说了，只有减掉三十公斤，她的肝脏才有可能满足移植的条件。

有记者去一个贫困山区采访,看见一个瘦弱的孩子正在吃泡面。记者就对孩子的妈妈说:"孩子总吃泡面不好吧?"

那个妈妈愣了一下,回答道:"也没有总吃,他过生日才给他吃一回。"

一个花季少女把所有的头像都换成了偶像,大家都嘲笑她无脑、花痴,但实际上,她追星只是为了借偶像的光来治疗自己的抑郁症。

她并不期待偶像的回应,而是借由这份单纯的喜欢,去重拾信心,去跟糟糕的生活厮杀下去。

一个真人秀节目里,女孩在出生之后就被父母送人了。节目组将女孩的亲生父母请到了现场,并要女孩和抛弃了自己二十多年的亲生父母相认,女孩拒绝了。

主持人随即发起了猛烈的道德攻势:"难道叫一声爸爸妈妈,对你来说就这么难吗?"

女孩的回答是:"二十多年了,在我最需要父母的时候,他们从来没有出现过。"

一列火车上,一个中年女人正在给一个小孩子喂饭,孩子戴着太阳眼镜,看起来只有五六岁。

周围的人议论纷纷:"都这么大了还喂饭,孩子都被惯坏了。"

等火车到站的时候,大家这才发现,小孩子的眼睛是看不见的。

一篇报道中，一名二十多岁的男子常年宅在家里，社区志愿者为其清理房间，打扫出二十多袋子垃圾，并且全程都没有露过面。有人说他有毛病，有人说他是个废人。

后来的一篇报道让所有人震惊。在十多年前，这名男子还是一个品学兼优的孩子，他的爸爸当着他的面夺取了他妈妈的生命，并且点火自焚，造成小孩全身大面积烧伤，他从此再也不敢见人。

类似的还有：

一个笑容猥琐、满脸横肉的小吃店老板，常常私下给来吃面的拾荒老人免单。

一个能说会道、入职仅半年就被老板委以重任的漂亮女职员，其实每天都加班到凌晨两点。

一个在朋友圈里发"世界上根本就没有人爱我"的女生，她可能刚刚拒绝了二十五个男生的示爱。

一个整天说"我怎么还没有遇见良人"的男生，他可能才和良人共进完晚餐。

所以不要贸然评价一个人。

在没真切地经历过别人的伤痛之前，请不要随意对一个人进行道德审判。

在没有完全了解一件事情的始末之前，请不要随便劝人大度。

在没有搞清楚状况之前，请不要随便给出结论。

不是基于了解真相和换位思考给出的评论，都可以归类为"乡下老太太在闲聊时发现的宇宙真理"。

所谓"小聪明",就是随便得到了一个解释,就觉得自己把整件事情的来龙去脉、所有人物的爱恨纠葛都弄明白了。

但实际上,你只是知道他的名字,却不知道他的故事。你只是看到他在做什么,却不知道他正经历着什么。

别忘了,你对别人的百般注解和识读,并不构成万分之一的他,却是一览无遗的你!

所以我的建议是:做人留余地,谁都不容易,少说刻薄话,多吃巧克力。

4 /

哦,对了,有一个亲测有效的建议:假如你突然被冒犯到了,在不确定真正的原因之前,你可以先假设对方并无恶意。

比如,你在街上闲逛的时候,被一个行色匆匆的路人撞了一下,与其怒不可遏地冲他喊:"你赶着去投胎啊!"不如平静地想一下:"这个人大概是有什么很着急的事情,他可能正在全身心地想着那件事,所以根本就没意识到自己撞着人了,还好我没事。"

这样的心态会从内而外地将你变成一个共情能力更强、心态更平和、更有教养的人。

04 谋生时别丢弃良知，
　　谋爱时别放弃尊严

1 /

我发了一条朋友圈："没有原则的好人 = 烂好人，如果将等式两边的'好'字同时消除，剩下的就是'没有原则的人 = 烂人'。"

没过一会儿，老余来了一段精彩的自嘲："我就是典型的烂人。"

他说："不知道从什么时候开始，我对'好人'这种人设上瘾了。我会习惯性地对别人好，没脾气地应允任何要求，哪怕我知道对方的要求是无理的。对方甚至不需要为我做什么，只是单纯地传达出'老余是个好人'的信号，我就会非常享受，然后为他赴汤蹈火。"

我回："千金难买你乐意！"

结果他说："一开始是挺乐意的，因为真的很希望在别人心里留下好印象，但是现在有点儿烦。因为有的人是什么要求都好意思提，而我真的是不好意思拒绝。不是说'好人有好报'的吗？好报在哪儿呢？"

我回答道："好人是有好报，但烂好人没有。"

如果连你自己都觉得应该卑躬屈膝，那么别人当然不会觉得你值得尊重。

如果连你自己都不清楚自己的篱笆在哪儿，那你就别怪他人侵犯你的庄园。

烂好人往往是这样：
总是把别人的需求放在自己之前，即使是吃了大亏；
总是把留下好印象作为唯一的行为准则，即使是受了委屈；
总是不好意思表达真实的感受，即使是非常不满；
总是过度夸大拒绝别人的后果，即使是非常不愿意……

基于这样扭曲的心理，所以烂好人的内心世界常常是这样：
"他好像不高兴了，应该和我有关系吧"；
"他看起来很难过，应该和我有关系吧"；
"他今天挺开心的，应该和我没什么关系"；
"他今天对我挺热情，应该和我没什么关系"。

于是，明明已经忙得焦头烂额，别人一喊，你就马上去为他义务劳动，哪怕知道这样做会搭进去大把的时间，甚至是自己的机会，你也在所不辞。

明明知道自己能力也就这样，你偏要主动揽活，结果把自己累得够呛，还捞不着一点儿感激。

明明是自己非常喜欢的东西，却假装大度地赠予他人，然后别人笑逐颜开，而你只能黯然神伤。

明明就是一贫如洗，你还对狮子大开口的借钱者有求必应，最后你活得捉襟见肘，人家却在花天酒地。

到最后，任何人都可以侵门踏户，对你予取予夺。

如果你在别人面前从来都没有要求，那么你的辛苦在对方看来就等同于应该；如果你在别人面前从来都不敢拒绝，那么你的痛苦在我看来就是活该。

这个世界不会因为你是个三百六十度无死角的老好人就对你格外仁慈，所谓的熟人也不会因为你每次都热情满满就对你另眼相待。

切记，孬人身上散发着的兔子气味，大尾巴狼永远嗅得出来。

2 /

芸姑娘和男朋友是通过相亲认识的，刚认识两个月，芸姑娘就把她费了九牛二虎之力才得到的金融理财师的工作给辞掉了，换到了男朋友公司旁边的咖啡店里当服务生。

有闺密替芸姑娘不值："金融理财师可是你的梦想！"

而她却回答说："男朋友说他养我，以后结婚了，让我做全职太太。"

后来,"全职太太"更像是"全职妈妈"——小到帮忙订一杯热咖啡,大到做一堆好吃的送上楼,这些都是芸姑娘的事儿。

但是,当芸姑娘在外面受了委屈给他打了无数电话的时候,男朋友不是在忙工作,就是在忙游戏。

如果芸姑娘生气了,男朋友只会表现得比她还要生气,最后还需要她去把男朋友哄好。

如果是男朋友犯了错,男朋友居然会先提分手,最后都是芸姑娘主动去道歉和挽留。

爱情就像沙漏,心满了,脑子就空了。

直到前几天,男朋友突然就把她拉黑了,她甚至连原因都不知道。打了无数的电话也无人接听,最后好不容易从男朋友的朋友那里讨来了一个新号码。

然后,她没完没了地给男朋友发短信:

"谈恋爱总会有不满意的地方,有问题就解决问题,为什么一定要分手呢?"

"能不能当面跟我说,说一下为什么,不管是什么问题,我可以改。"

"如果你一定要和我分手,能不能把微信加回来,我保证不打扰你,如果你觉得被打搅了,你再把我删了,好不好?"

"只要你别拉黑我,你想怎么样都行。"

大概是始终都没能得到回复,芸姑娘就跟我诉苦。她的眼神暗淡无光,就像一朵花在绽放的时候才意识到:自己开错了季节。

她说:"其实我知道,我没办法给他想要的,比如人脉,比如背景,比如见识,比如体面,但我真的好爱他,我该怎么办啊?"

我不留情面地回复道:"你确实没办法给他想要的,但如果你能给他一个没有你的世界,于他而言,也挺不错的。"

爱一定要有原则,不然你像他妈妈一样,那就别怪他再给你找个儿媳妇回来。

原则报废的爱情,就像一片被砍伐过的森林。

对方说:"别这样,我不值得你这么做。"你脱口而出:"你超值得啊!"

对方说:"我不爱你了。"你脱口而出:"再给我一次机会吧。"

对方说:"算了吧,你值得更好的。"你脱口而出:"不要啊,求你了。"

你把你的依恋、信任、爱慕一股脑地倾注到对方身上,可对方已经无所谓了,甚至是厌倦了,那么你的"倾倒行为"只会让对方觉得疲惫。甚至在对方看来,这就是你单方面的、不负责任的、情感上的"随地大小便"。

你卖力地找他说话的样子,就像商场里的导购,对方不会因为你的热情而爱上你,他只会觉得你烦。

所以我的建议是:有了恋人,就不要问"你到底爱不爱我"这种问题,你见过哪个水果店的老板说自己的水果不甜的?

即便单身,也不要纠结于"为什么我挺好的,但没有人来爱我"这种臭屁的问题,这很像一个笨蛋在仰天长叹:"到底要买多贵的手机,才能收到喜欢的人发的消息?"

感情当中的原则问题是:

要对自己的生命负责,不自杀,不自残,不找虐,即使再难熬。

要对自己的声誉负责,不做第三者,不做背叛者,不跟有恋人的异性走得太近,即使再有诱惑。

除非救急,否则不要轻易发生任何金钱方面的交易,即使是热恋期。

除非自愿,否则不要为任何人放弃你的事业、爱好或者朋友,即使再爱。

除非对方同意,否则不要黏着对方,你不能因为自己闲得发慌,也要求对方跟你一样闲。

从今以后希望你:遇弱不欺,遇强不惧,遇佛烧香,遇贼掏枪。

3 /

史书中记载了一个"许衡不食梨"的故事。

盛夏时节,许衡途经河南,一行人又热又渴,恰巧看见路边有一棵梨树,于是大家都去摘梨子吃,唯独许衡一动不动。

有人问他:"你为什么不吃呢?这棵树又没有主人。"

结果许衡说："虽然梨树没有主人，但我的心有主人。"

类似的还有，在赛场上，某个选手会主动跟裁判示意"我犯规了"，尽管裁判或者对手并未察觉。

在职场上，当别人都觉得"反正没有人看见"的时候，有人却知道，"自己的良心不会视而不见"。

在某个紧要关头，当其他人都抱着"反正又不会有什么后果"的侥幸心理，有人则很笃定"不对就是不对"。

所以，有些捷径他不会去走，有些好处他不会去捞，有些人情他不会贱卖，而是脚踏实地地坚持原则，即便费力不讨好，即便路遥马急。

所以，他不为什么人折腰，而是拼命地攒本事；不为什么感情丢掉尊严，而是努力变优秀；不为什么位置要滑头，而是脚踏实地做贡献。

一个人值不值钱，就看他的原则值不值钱。

你做了什么事，你就会成为什么样的人；你做了多少事，你就有多少价值。如果行为没有底线，那么你的人格就很贫贱。

换句话说，你为了什么价码的人和事消磨时间、修改原则，你就配什么价码的麻烦。

何为原则？

如果是普通人，你在无人监督时也不偷鸡摸狗，不欺上瞒下，不欺软怕硬，不违法乱纪；

如果是明星大腕儿，你在镜头之外也不蝇营狗苟，不骄奢放纵，不两面三刀；

如果是企业，它在客户看不到的地方也不偷工减料，不粗制滥造，不敷衍了事。

人一旦得到了不该得到的，就会失去不该失去的；一旦违背了自己定下的原则，哪怕只有一次，以后就将违背更多的原则；一旦自己在重大的原则问题选择了妥协，那么某场悲剧已经悄无声息地拉开了序幕。

就像撒切尔夫人说的那样："注意你所想的，因为它们会变成嘴里的话；注意你所说的，因为它们会变成实际的行动；注意你的行为，因为它们会形成习惯；注意你的习惯，因为它们会形成你的人格；注意你的人格，因为它们会影响你的命运。我们想的是什么，就会成为什么样的人。"

反之，如果你守住了，就算生活还是会有遗憾，但你不会后悔；就算会有误解，但你不会慌张；就算还是需要低头，但你心里有底；就算还是做出了让步，但你知道底线一直在那儿。

就像是玩游戏，即使经常被虐，也从不作弊！

切记，别人再怎么"不是个东西"，也不该成为你"不是个东西"的理由。

4 /

有些原则失守是因为"小事情没关系"。

如王尔德所说:"我犯了一个巨大的心理错误,一直以为在小事上让步无关紧要,待到重大时刻到来时,我会重新行使卓越的意志力。然而现实并非如此,到了重大时刻,我却彻底丧失了意志力。"

有些原则失守是因为"害怕拒绝"。

如太宰治所说:"我的不幸,恰恰在于我缺乏拒绝的能力。我害怕一旦拒绝别人,便会在彼此心里留下永远无法愈合的裂痕。"

有些原则失守是因为"不知道原则是什么"。

如某个玩笑所说:"饼干是可以吃的,但掉地上的饼干不能吃,捡起来后吹吹也还能吃,但掉在医院的地上吹吹也不能吃,如果实在没有食物了也可以吃。"

还有一些原则失守是因为"喜欢折中"。

如鲁迅所描述的:"譬如你说,这屋子太暗,须在这里开一个窗,大家一定不允许。但如果你主张拆掉屋顶,他们就会来调和,愿意开窗了!"

讲原则不是不近人情,更不是与世界为敌,而是懂了很多规矩,见识了很多特例,拥有了一定的实力,并有对后果负责的担当。

然后,你对人情世故没那么紧张了,对亲疏远近也没那么刻意了，开始根据自身的喜好和良知，不圆滑地跟这个世界打交道。

关于原则的几个建议：

（1）学会拒绝别人，同时也要学会尊重别人的拒绝。

（2）降低期望，学会接受，试着理解。

（3）抛弃无意义的社交，退出不合适的圈子。

（4）有趣的事物要记得分享给知趣的人。

（5）努力变优秀。

你要有足够的决心，你的原则才能发挥作用。但更重要的是，你要有足够的实力，你的原则才能守下去。

一个有原则的人大概是这样：

自己的事尽量自己做，不轻易给别人添麻烦；别人的事量力而行，不轻易许能力之外的承诺。

在不牺牲自己权利的前提下，尽量照顾别人的感受；在不伤害别人的前提下，尽量维护自己的权利。

喜欢就和颜悦色，无感就宁缺毋滥；爱就毫无二心，不爱就一刀两断；会做的就尽善尽美，不会做的就虚怀若谷。

最好的姿态是，与世俗和解，但仍能保持自我；与现实妥协，但不忘寻求突破。

05 我见诸君多有病，
   料诸君见我应如是

1 /

在动画片《猫和老鼠》中，小老鼠和汤姆猫整天缠斗，当小老鼠把汤姆猫的尾巴插进电闸里，把它电得浑身冒烟的时候，观众看得哈哈大笑。

但试想一下，如果汤姆猫有个妈妈，她看到了，恐怕是笑不出来的。

实际上，我们有时候是看汤姆猫出丑的观众，有时候是汤姆猫的妈妈，还有的时候是汤姆猫本人。

人性的自私就是：听故事的人，都巴不得险象环生，而故事里的人，只希望岁岁平安。

就好比说，提到鸡汤的时候，大家都说那是补品，可鸡听着却是恐怖故事。

就好比说，猛虎细嗅蔷薇，世人都说那是情怀，可你问过蔷薇愿意吗?

2 /

  有个姑娘私信我,讲了一个她室友的故事。

  她室友是个非常内向的漂亮女生,很少跟陌生人说话,有次去学校食堂吃饭,被一个学长"盯上"了。然后学长天天送花、送礼物,但都被室友拒收了,并且非常明确地告知对方:"我不喜欢你。"

  一天晚上,学长突然带了一群朋友聚在她们寝室楼下,又是点蜡烛,又是唱,又是跳,一群人还起哄:"在一起,在一起!"

  她室友拎着一桶水下楼,直接泼灭了蜡烛。

  学长不死心,翻到旁边的一个三米多高的露台上,当众威胁:"你要是不答应做我的女朋友,我就从这儿跳下去。"

  她室友翻了一个白眼,转身就走了。结果学长真的跳了下来,倒也没有生命危险,就是骨折了。

  然后,现场的人开始说她室友"太冷血了"。

  她问我:"你听完是什么感觉?"

  我回答道:"就像是,一只眼泪汪汪的、饿着肚子的大灰狼狩猎失败,然后森林里的小动物开始可怜这只大灰狼,转而指责那个避险逃跑的小红帽:'你和外婆又不是真的被吃了,为什么要对大灰狼那么残忍?'"

人性的丑陋之处就在于：每个人都愿意做那种"一毛钱都不用花"的好人。

在怂恿别人大方、指责别人不宽容之前，希望你明白：所有的大方和宽容都是以折磨当事人为代价的。

置身事外，你当然可以心平气和。受折磨的不是你，你当然可以说得那么轻描淡写。

什么是双标？

就是如果你成功了，你就认为"这是我应得的"；如果你失败了，你就怪这怪那。

但如果是别人成功了，你就认为"他肯定是靠关系、靠运气"；如果别人失败了，你就认定"他活该"。

就是当你做出成绩的时候，老板看你是镇山的虎，是会飞的鹰，是善战的狼。

但当你没成绩的时候，老板看你就是盛饭的桶，是害群的马，是搅屎的棍儿。

就是如果普通朋友找你聊天，你就会搪塞地说，"哦，嗯，洗澡去了，准备睡了"。

但如果是喜欢的人找你聊天，你就会容光焕发地说，"我没事，我很闲，我不困"。

就是做了好事，你巴不得让全世界都知道，而做了坏事却想着"神不知鬼不觉的"。

就是当你愁眉苦脸的时候，你希望大家都能懂你；但当你装腔作势的时候，又不想被任何人看穿。

就是别人夸你的时候，你觉得那是客套话；但如果别人骂你，你却认为那是真心话。

就是电视上的女明星一口面包嚼了三十三下，大家都说她"好优雅、好可爱"。

但你要是也嚼这么多下，你妈妈就会火力全开："不想吃就给我滚出去！"

就是他晚上看手机，笑声惊人，完全不顾同寝室的其他人，而他白天补觉的时候，谁要是弄出一点点动静，他就会骂娘。

就是他有异性闺密就属于"纯洁友谊"，而你有异性闺密就"肯定有鬼"。

就是他迟到了是因为堵车，而你迟到了就是"没有时间观念"。

就是他追星属于"为了梦想"，而你追星就是"脑子有病"。

就是他谈了很多恋爱是因为"我有魅力"，而你谈了很多恋爱就是"水性杨花"。

就是在他看来，只有他的爸妈不容易，而你爸妈特别容易，就好像你是喝西北风长大的，就好像你读了二十多年的书都是不要钱的，就好像你的爸妈为你准备结婚的钱都是大风刮来的。

就是别人感冒了,某人觉得自己应该请假、回家吃药,然后睡一觉就好了。

但如果感冒的是你,他就觉得你应该使劲儿干活,出点儿汗就好了。

辛弃疾曾写道:"我见青山多妩媚,料青山见我应如是。"我建议大家稍稍改一下:"我见诸君多有病,料诸君见我应如是。"

3 /

有人往小区群里发了一个视频,群里瞬间就炸开锅了。

视频的主角是K先生,他在路边扶起了一位跌倒的老人,老人的眼角划破了一个小口子,还在淌血。

K先生帮老人联系了救护车、家人和社区,直到老人被救护车抬走才悄悄地离开。

群里有人问K先生:"你就不怕被讹吗?"

K先生的回答特别感人:"我当然怕。但是我的父母也七十多岁了,他们在老家生活,他们的腿脚也不利索,说不定哪天也会摔倒在路边。那时候,我希望有人可以像我一样把他们扶起来。如果别人的父母跌到了我不管,自己的父母跌倒了又希望有人扶,这怎么可能呢?"

怕麻烦是人之常情，但如果你知道自己有年迈的父母或者年幼的孩子，你就不应该允许自己做个精明且冷漠的看客。

如果人人都是一副"事不关己，高高挂起"的冷漠态度，如果人人都怀着"不是你撞的，那你为什么要扶"的扭曲心理，那么当你的父母、你的孩子，甚至包括你自己遇到危险时，你就应该做好无人援手的准备。

你对世人揣着私心，又凭什么苛求他人大度？

所以，不要到处评说他人的是非对错，多掂一掂自己有几两仁义道德。

你不能一边强调自己的感受，一边又依赖他人的看法。
你不能一边要求公平正义，一边又强调"多给我分点儿好处"。

你不能一边限制另一半和异性的来往，一边自己又毫不避嫌。
你不能一边要求孩子不挑食，一边自己又这个不吃、那个不吃。
你不能一边希望家人温声细语，一边自己又说话粗俗。

你不能一边指责公司的低效、无聊和萎靡不振，一边又享受它的安稳、没压力和没竞争。

你不能一边劝别人慢慢来，慢慢吃苦，慢慢成熟；一边又恨不得马上变成成功人士，想着年轻时那些该吃的苦"谁爱吃谁吃"。

你不能一边抨击人性的贪婪，一边又怀揣着贪婪的欲念和走捷径的小心思。

你不能一边讨厌别人侵犯你的边界，一边又肆无忌惮去侵犯别人的边界。

你不能一边觉得自己的任性是理所当然的，一边又认定别人的任性是不可原谅的。

我的建议是：不懂时，别乱说；很懂时，也别多说；心乱时，慢慢说；没话时，那就不说。

4 /

有个女生对我说："不知道为什么，每次有长得丑的男生看我，我就觉得他好猥琐，特别反胃；但如果是个大帅哥看我，我就会感觉很好，甚至会觉得他品德高尚。"

有个男生也说过相似的话："我总喜欢抢着给漂亮的女生帮忙，不自觉会问她需要什么；但如果是不太好看的女生找我帮忙，我可能也会帮，但心里想的可能是：'你自己不会做吗？'"

类似的还有，如果你长得好看，在公交地铁上睡着了，头靠在旁人的肩上，旁人会一直托着，直到你醒来。

但如果你不太好看，头一旦靠在旁人的肩上，对方可能就会把你推醒，然后提醒你："请保管好个人财物。"

古时候，男子上门提亲，如果女方满意，就会一脸娇羞地对父母说:"终身大事,全凭父母做主。"

如果不满意,就会说:"女儿还想孝敬父母两年。"

英雄救了单身的女子,如果女子动了心,就会一脸娇羞地说:"英雄救命之恩,小女子无以为报,唯有以身相许。"

而如果没相中,就会说:"英雄救命之恩,小女子无以为报,唯有来世做牛做马,报此大恩。"

还有在感情中眼高手低的人,明明自己什么都没有,却又什么都想要。

很多女生的双标是:别人风趣,你嫌他周围有太多异性;别人老实忠厚,你嫌他不解风情;别人有钱,你嫌老;年轻的,你嫌穷;又年轻又有钱的,你又嫌人家脾气不好。

很多男生的双标是:艰苦朴素的,你嫌她带不出去;华丽闪亮的,你又嫌她化妆打扮费时费钱;精打细算的,你嫌活得太现实;活得精致的,你又养不起。

总之就是,天上的月亮你得不到,地上的六便士你又嫌少。

真是替这样的人担心,怕你把自己当作年份很好的红酒,一心等着懂的人来品,但实际上你只是板蓝根,来找你的人都有病!

我的建议是,少一些假模假式,多一些自我反思。

你怪某某不肯和你谈恋爱,那你就问问自己:如果你是异性,你愿意和这副德行的自己交往吗？

你怪老板轻视你，那你就问问自己：如果你是老板，你会重用自己这种水平的员工吗？

你怪别人对你有隐瞒，那你就问问自己：如果你是你的朋友，你会把秘密告诉你这样口无遮拦的人吗？

你抱怨另一半"赚得少、很无聊、不浪漫、窝囊废"的时候，你最好也想一下："为什么我不一开始就去找一个特别能赚钱、特别有能耐、特别懂浪漫的另一半呢？是不是因为那样的人根本就看不上我？"

你指责别人"为什么不能做得更好一点儿"的时候，要扪心自问一下："如果我在他的位置上，面临他那样的选择，我能不能表现得比他好一点儿？"

如此一来，你就不会再义正词严地说："这有什么难的？"而是知道换位思考："也许是因为我还没有遇到这个问题。"

你就不会理直气壮地说："这有什么好生气的？"而是会设身处地去体谅："原来他是因为这个生气的。"

凡事换个角度，你就会发现：自己未必大度，未必慈悲，未必努力，未必正义，未必美好。

举个例子来说，"为什么没有人喜欢真实的我"这句话的真实意思是："我不想改掉我的臭毛病！"

所以，你对别人的要求松一点儿，就不至于总失望；你对自己要

求严一点儿，就不会总沮丧。

5 /

小说《82年生的金智英》里有这样一个片段：

金智英去看医生，医生提示她"多休息，少用手腕"。

金智英说"没办法不用手腕"，因为要照顾孩子，要做家务。

结果医生笑了："以前我们是用木棍敲打衣服，烧柴煮衣服消毒，蹲在地上扫地。现在有洗衣机洗衣服，有吸尘器拖地，你们女人到底有什么好辛苦的？

金智英在心里反驳了一通："脏衣服不会自己走进洗衣机里，不会自己倒洗衣液，洗完之后不会自己跑到晾衣架上晾起来；吸尘器不会自己带着吸头到处吸……"

越长大你就越会发现，人与人在认知上的差距，有时比人和动物的差距还要大。所以，不要对人性失望，理解本就非常罕见，误会才是人间常态。

不要因为某个人的一项美德而高估他其他的美德，也不要因为某个人的一次缺德而误以为他每件事情都做得很缺德。

不要轻易地发表不过脑子的观点，不要轻易给出未经深思的建议，不要轻易成为某种偏激言论的传播者，因为你很容易被别有用心的人利用，也很容易将不明所以的人带偏。

不要因为知之甚少就用力发笑，不要因为无法理解就强烈反对，不要认为只有你喜欢的才是好看，不要因为你只见过这种情况就认定全世界都这样。

要懂得敬畏和换位，你是蚂蚁的上帝，同时也是上帝的蚂蚁。

事实上，你深信不疑的道理不一定是真理，只是符合你的想法或者利益；你深恶痛绝的现象也不一定性质恶劣，只是它超出了你的认知或者理解。

你讨厌的人其实没那么不堪，你喜欢的人也没那么迷人，只是你的个人好恶凌驾于事实之上罢了。

就好比说，除非狮子有它们的史学家，否则所有的打猎故事都只会说猎人有多伟大。

最好的心态是：你有你的烦，我有我的难。你不要觉得我的难是无足挂齿的，我也不怀疑你的烦是微不足道的。你有你的热爱，我有我的喜欢。你不要觉得我喜欢的都是狗屎，我也不诋毁你的热爱很白痴。

这就够了。

Part V
你是你梦想之路上唯一的高墙

⊙所谓的"才华横溢",不过是勤练基本功,直到它从你的身体里溢了出来,而已。⊙所谓的"必杀技",不过是把一件简单的事情练到了极致,直到能让普通人叹为观止,而已。⊙所谓的"克服困难",不过是一直去做让你觉得困难的事情,直到你感觉不到困难,而已。⊙所谓的"功成名就",不过是在一堆杂七杂八的事情和坐立不安的情绪里熬着,熬到好事发生,而已。⊙所谓的"人生开挂",不过是厚积薄发,而已。

01 每一个想努力的念头，
   都是未来的你在向现在的你求救

1 /

我曾问过一个特别努力的孩子爸爸："你就没有想偷懒的时候吗？"

他笑呵呵地说："每当我想偷懒的时候，我就看一下想买的学区房，看一下自己喜欢的车子，然后对自己说，'是不想要了吗'，瞬间就能满血复活。"

我曾问过一个产量极高的编剧："没有你这么有才华，能当编剧吗？"

他笑着说："当你有一个不容更改的截稿日期，再加一个不交稿就会打爆你狗头的人，你就会被自己的才华吓到。"

我曾问过一个学霸："你就没有想刷剧、想偷懒的时候吗？"

学霸的回答是："所有的路都是自己选的，考个不高不低的分数也可以开心，拿不到奖学金也不会挨批评，毕业后找份普通的工作也不会后悔，然后结婚、生子、还房贷。这是大部分人的生活，但这不是我想要的生活。"

人之所以要努力，是为了尽可能紧地把命运攥在自己手里，而不是被动地困在父辈的阶层里动弹不得；

是为了在这个有时不讲理的世界里更体面、更有底气地活着，拥有更多的选择权和主动权；

是为了当自己遇到喜欢的人和事的时候，除了一片真心，还有拿得出手的东西。

努力的意义就是：当好运降临在自己身上时，你会觉得"我配"，而不是眼看着好事落在别人身上，然后愤愤地说"我呸"。

那么你呢？

好不容易有点儿学习的冲动了，但书一拿出来就满足了。

看似每天都在思考，看似什么话题都接得住，可稍微聊得再深一点儿就磕巴，稍微想表达得独特一些就没词了。

没有什么底子却又好高骛远，想出类拔萃却又做不到脚踏实地；看着别人很努力会胆战心惊，轮到自己行动的时候却又强调"明天再说"。

做什么都不积极，不用心，不尽力，被打击了无数次，也不过是拿骂骂天地来出气，之后照旧是蹉跎岁月。

学不进去，玩不痛快，睡不踏实，浑身不对劲，吃得还特多。

久而久之，一身的傲骨被现实的冷水泡得酥软，心态崩盘，眼神空洞，灵魂乏力。

最后只好轻描淡写地说一句"顺其自然吧"。

可问题是，什么都不做的"顺其自然"，无异于束手就擒，是自生自灭。

真正的"顺其自然"是竭尽全力之后的不强求，而不是今天好吃懒做，明天闲得抽筋，后天意识到自己没时间、没准备、没可能了，才装出一副"死猪不怕开水烫"的样子。

基础没打好，就拼命往死里学；时间不够花，就早起、就提高专注力；效率不高，就放下手机，放下那些干扰你的东西……

你要知道，"想学"和"在学"是两回事，中间隔着一点一滴的"实际行动"；"在学"和"进步"也是两码事，中间隔着日复一日的"不懈坚持"。

最能帮到你的那双手，就长在你的胳膊上。

没有鸿运当头，没有天赋异禀，所有的出众和成功都是一连串细节的叠加，所有的惊喜也都是人品和努力的累积。

怕就怕，你本该有光明的前程，你也列了一大堆足以改变命运的计划，只可惜它们总是被推迟，被搁置，直至烂在了时间的阁楼上。

到末了，明明是努力的问题却被误以为是运气的问题，明明是勇气的问题却被误以为是时机的问题，然后把所有的"来不及了"和

"悔不当初"误以为是生活本身。

我的建议是，有困难就想方设法地去解决，有梦想就马不停蹄地去努力，有喜欢的人就没羞没臊地去追求，不要等，不要停，不要靠。

船在港湾里是很安全，但这不是造船的目的。

2 /

我特别佩服那种不管做什么，都能全力以赴的人，比如叶小姐。

上学的时候特别惧怕数列题，她就把能找到的题型统统刷了个遍，所以考试再遇到它时，它就成了送分题。

为了在某国求学，她发了疯一样备考，睁开眼睛就去上自习，图书馆闭馆了才回寝室睡觉。最终如愿去了想去的大学。

为了解决留学时的生计问题，她在异国他乡兼了六份职，从酒店保洁到给饭店端盘子，从小商店里卖衣服到给人补课，从卖保险到给银行拉业务，所以整整四年时间，她没用家里一分钱。

为了留在心仪的公司，试用期的她每天只睡三四小时，然后用一杯又一杯的咖啡刺激着大脑，经常累到下班倒床就能睡着。最后不仅被录用了，而且仅用两年的时间就升到了管理层。

相比较于别的姑娘怕老、怕胖，她更怕落后，怕被淘汰，怕过了一段时间回头看，自己竟然毫无进步。

她说："我不知道自己将来会被谁淘汰，也不确定自己在这座城市里能混成什么样，但我确信：我值得更好的人生。如果一个人在盖棺定论时会被打出'差''中''良''好''非常好'的成绩单，我不想只是拿着一个'良'就欢欢喜喜地交卷，我的目标是'非常好'。"

这个看起来天赋异禀的姑娘，只不过是一个比别人更努力、更有目标的普通女生。

她在任何顺遂的环境中，都不会纵容自己满足于当下的成绩；在任何凄凉的境地，也不允许自己用眼泪去博同情。

她努力的样子很像一个笨蛋，笨到有懒不偷，有苦不躲，有捷径不走，笨到除了努力，好像别的什么都不会。可是这个笨蛋的心里明白：如果只能努力的人还不努力，那就真的什么都没有了。

很多自作聪明的人喜欢说"认真你就输了"，这些人的脑子里安了一个精确无比的仪器，精打细算地付出努力，并做好了随时要全身而退的准备。

这些人并非不想努力，只是习惯了权衡。结果是，别人搞砸了，他们就窃喜；别人成功了，他们就嫉妒。

可问题是：机会也好，感情也罢，你努力得不够纯粹，坚持得不够彻底，那么你多半是得不到的。

试问一下：全力以赴的人那么多，凭什么要给漫不经心的你？是因为你的脸皮更厚，还是因为你的脸更大？

成年人的生存法则是：如果你是羚羊，你就必须跑赢最快的狮子；如果你是狮子，你就必须跑赢最慢的羚羊。

所谓的"才华横溢"，不过是勤练基本功，直到它从你的身体里溢了出来，而已。

所谓的"必杀技"，不过是把一件简单的事情练到了极致，直到能让普通人叹为观止，而已。

所谓的"克服困难"，不过是一直去做让你觉得困难的事情，直到你感觉不到困难，而已。

所谓的"功成名就"，不过是在一堆杂七杂八的事情和坐立不安的情绪里熬着，熬到好事发生，而已。

所谓的"人生开挂"，不过是厚积薄发，而已。

3 /

知乎上有个热门的提问："什么时候，你后悔高考没有努力？"

高赞回答是："大学同寝室的人都在玩游戏，只有我在认真看书，他们时不时就会甩过来一句：'你还看书啊？'"

事实上，你此时不满的，都曾是你作孽的；你此刻挑剔的，都曾是你自己挑选的；你此时批评的，都曾是你亲自参与的。

人生到最后，你不得不承认，这一生中绝大多数的事情，都是经由你允许才发生的。

换言之，你现在的生活，一半是对你过去的报答，一半是报应。

我经常收到类似的问题，比如：
"我太懒了，不爱学习怎么办？"
"我管不住自己，一上课就想玩手机怎么办？"
"我想考研，但总是走神，注意力不集中怎么办？"
"我不喜欢现在的工作，一点儿都不想干活怎么办？"
"我太在意周围人的眼光，没办法静下心来工作怎么办？"

我的回答往往是：
不爱学就不学，大不了考所差劲的大学；
想玩手机就继续玩，大不了就挂科；
注意力不集中就继续胡思乱想，大不了考不上；
静不下心来就继续小心翼翼地活着，大不了什么都不做，然后卖力地演戏给旁人看……

你不想努力，还想让我宽慰你，我只能说：这辈子不努力也没关系啊，下辈子投胎之前注意点儿，不要再做人了！

人生很少是"一下子就完蛋了"，人生往往是一点一点地、悄无声息地变成一团乱麻的。

你现在的处境基本上是你两三年前的选择决定的，而你现在的选择将影响你两三年之后的生活。

再直白一点儿说就是，如果你现在每天这样宅着，丧着，耗着，那么不管再过多少年，你的生活也还是一如既往的一塌糊涂。

当有一天，你看着排成长龙的、"学满释放"的求职大军，你大概就知道什么叫"五行缺揍"了。

大学的时候如果不努力，毕业的你就只是一个拿着大学毕业证书的初中生。

是的，你连高中生的文化水平都没有，你有的只是成年人的饭量和老年人的运动量。

残酷的事实是：

你去不了喜欢的学校，是因为你喜欢的学校选择了比你考得好的人。

你找不到喜欢的工作，是因为你喜欢的工作喜欢比你资历更好的人。

你追不上喜欢的人，是因为你喜欢的人喜欢比你优秀的人。

社会就像一个大滤网，用学习筛掉不努力的学生，用工作筛掉不努力的年轻人，用生活筛掉没追求的成年人。

结果是，你说自己没办法努力，有办法的大有人在。他们会替你把题做了，然后替你去上所好学校；他们会替你把本事学扎实一点儿，然后替你去家好公司；他们会替你把工作做了，然后替你把钱赚了。

切记，每一个想努力的念头，都是未来的你在向现在的你求救；

而每一个偷懒的行为，都是现在的你在给未来的你挖坑。

4 /

我不知道为什么那么多人喜欢说"逃避可耻，但是有用"。我的亲身体会是：逃避可耻，并且没用。

比如说，你的情绪出了问题，工作上故意拖拉、对抗，那么你以及你的团队的效率就会大打折扣，那后果自然是，伙伴们会失望，上司会不信任你。

比如说，你怕没面子，有了矛盾选择避而不谈，那么你和某某的关系就会越来越淡，甚至会分道扬镳。

又比如说，你的压力很大，遇到难处不是唉声叹气就是借酒消愁，那么你的状态就会越来越差，生活、感情、工作也都会随之变得一塌糊涂。

你哪里逃避得了呢？无非是用一些困难换成了另一些困难，而已。

你以为逃避的是压力，是尴尬，是麻烦，其实逃避的是成长的机会，是沟通的契机，是解决问题的可能性。

所以，定好了目标，做好了计划，就要马上开始执行，一开始做得不好没关系，一开始看不到效果也没关系，即便只能做到五十分，也好过什么都没做的零分。

更重要的是，你会在一次又一次的实际行动中，找到方法，掌握技巧，进而表现得越来越好，越来越接近满分。

脑子里走了迢迢万里，远不如脚下踏出一步；用实际行动来证明自己，远好过用想象来纠结自己。

不努力的人生不配叫人生，只能叫认命。

我想提醒你的是，好机会永远不会到处群发，好东西从来不会人手一份，我们如此努力，不过是为了买得起或者配得上。

那么你呢？

也曾想过考研，不能说完全没做准备，也不能完全放弃了，因为买了资料，报了课程，可惜一直没认真去准备。

也想过要多赚点儿钱，不能说完全没有野心，也不能说完全佛系，因为班也加了，夜也熬了，可惜本事还是原地踏步。

在社交软件上收藏了无数牛人的成功经验，却从未切实执行，但感觉自己与牛人的差距越来越小了。

嗯，承认自己拖延是不可能的，于是很多人喜欢说"我在酝酿""我在准备""我在蛰伏"。

你同时拥有不甘心和心不在焉两个"分身"，所以做的时候马马虎虎，不能如愿以偿的时候又悔不当初。

一边恨自己安于现状，一边却又将自己偷偷原谅。根本就没有倾尽全力，却逢人就说自己无能为力。

总而言之就是：知道自己不该玩、不能玩、没时间玩，却依然偷着玩,熬夜玩,焦虑着玩。

对于这种没有决心坚持到底的人,我其实特别想劝你不要那么努力,不然你每次都会对人生产生巨大的期待,然后在期待落空之后,会觉得世界欺骗了你。

弱弱地问一句:一辈子都待在人生的低谷,你是因为恐高吗?

生而为人,最要紧的任务是让人看到你的能力,而不是让人看到你的努力;最重要的目标是在水多的地方拼命挖井,而不是以穿越了沙漠为荣。

真正的"吃苦",是长时间地将精力锁定在某个既定目标上。在这个过程中,你放弃了纯粹的娱乐,放弃了无用的社交,放弃了不切实际的幻想,忍受了旁人的不理解、不支持,接受了不被关注和不被关心,变得更有耐心,更有韧性,更能忍受无助、无视和孤独。

所以我的建议是,不要表演努力,不要美化苦难。你要知道,磨炼意志是因为苦难无法避免,不是因为苦难是好事。没有创造价值、没有解决问题、没有提升能力的"吃苦",就像是在一片漆黑之中给喜欢的姑娘抛媚眼,不过是自己糊弄自己罢了。

每天临睡之前,你可以试着写个"每日小结",这样你就会清醒地意识到,自己每天完成的事情其实非常少。如果不用心去编,你甚至可以不用写字。

5 /

纪伯伦教我们七次鄙视自己的灵魂，而我则希望你能七次感谢自己的灵魂：

第一次感谢自己在机会均等时，没有轻言放弃；

第二次感谢自己身处困境中，没有轻易认输；

第三次感谢自己在面对权威时，没有轻易妥协；

第四次感谢自己在面对诱惑时，守住了底线；

第五次感谢自己在面对人情世故时，没有变得虚情假意；

第六次感谢自己在人云亦云的潮流面前，没有盲目跟风；

第七次感谢自己在屡屡面对生活的无聊或无奈时，依然积极且努力。

希望我们这些游走在人间的普通人类，都有努力挥挥手就能被命运给到特写镜头的好运气。

如果它没给，希望你踊跃举手，并且举着不放。

反正已经顺利地降落在人间了，那就用热爱占场，凭实力为王。只有一次的人生，要拿出点儿干劲来啊！

02 欲望就像暴风雨，
　　而自律就是指南针

1 /

　　二百斤的刘先生瘦到一百四十斤的时候，我差点儿就认不出他了。要不是他跟我招手的时候喊出了我的名字，我一定会说："你认错人了吧。"

　　这个一米七的小伙子曾经因为胖而受过无数的嘲讽，其中最刻薄的一句是："都快胖成正方形了，摔倒了，我都不知道该扶哪头。"

　　当年的他以邋遢闻名于朋友圈。租来的房子乱得像是垃圾场，每次找完东西，现场就像是被炸过一样。

　　公司迟到次数最多的是他，他的闹钟从六点开始，每隔十分钟响一次，一直能拖到七点五十分才起床。

　　他每天的日常大约是，一动不动地坐在工位上，空闲时间就抱着薯片追剧，三餐全靠外卖。

晚上一到家就继续零食、可乐、游戏，一坐就是三四小时，一熬就到了下半夜两三点，然后一出门就是满脸痘、满脸油、满脸疲倦……

他说："照镜子的时候，我看自己都想吐。"

让刘先生下定决心改变的是一次颁奖礼，老板只带了他一个人参加。

老板突然指着台上领奖的人对刘先生说："你比他优秀多了，在台上领奖的人应该是你。"

刘先生的心脏"咯噔"一下，像是突然被人抓住了，再狠狠地捏了一下。

他说："我这辈子从来没有被人看得起过，那是第一次。"

那一天成了他人生的分水岭。

之前，他是一个高盐高油高脂的邋遢胖子，是个被无数人嘲笑和瞧不起的"乱室佳人"。

之后，他悄悄地开启了控盐控糖的自律生活。一开始是每天跑三圈，慢慢变成了每天五圈，再后来固定在每天十二圈。

他说："自律一段时间之后，困扰我的负面情绪慢慢消失了。我不再自卑于'胖'这件事，反而会因为每隔一段时间就瘦一点越来越自信。"

他甚至还跟我自嘲他当年有个非常洋气的英文名，叫"肥德·圆不隆咚"。

从一开始的"非常吃力"，到后来的"毫不费力"，中间是不为人知的"竭尽全力"。

自律的本质是：违背天性，亲自动手去搞定那个颓废的自己。

减肥之所以难，一是因为成年人的新陈代谢能力在逐年下降；二是因为在各种求而不得的世俗欲望中，食欲是最轻易满足的；三是因为大部分人减肥的策略是发誓、收藏视频、制订计划，然后，等脂肪自己离开……

那么你呢？

打开美颜时，心里美美地感慨："女娲娘娘怎么可以捏出这么好看的人类？"关了美颜之后，就想马上翻开《山海经》，看看自己的祖先在哪一页。

年初的时候发誓要做个财务自由的打工人，年底的时候依然是"心有余而睡眠不足，心有余而智力不足，心有余而余额不足"。

也想过要挤出时间提升自己，结果一到家就想着游戏、追剧、综艺、聊天、短视频，肚子饿了才想着点外卖，吃完了之后想继续努力，结果刚翻开书或者刚走进健身房，第一反应是"先发个朋友圈吧"。

然后，你不经意间刷到了前任的新动态、偶像的新进展，以及某个群里又分享了好笑的视频，等都刷了一遍，你终于想到要努力了，可此时夜色已深，困意袭来，于是你倒头就睡，醒来已是艳阳高照……

不知不觉中，那些眼前的欲望抢走了你的大好时光，并且让你很难集中注意力。

不能集中注意力是一连串失败的开始，因为你没办法沉下心来做一件事。不是你资格不够，不是你能力不行，而是你根本没办法开始！

实际上，每个人的身体里都有一个痴迷于短期快乐的恶魔，也有一个专注于自我价值的天使，你平时的所作所为更多地满足了谁，谁就会主宰你的外在形象和整体气质。

好吃懒做、手机成瘾、贪财好色、好赌成性、熬夜上瘾、胡吃海喝……所有这些低级的欲望都可以通过放纵来满足。而早睡早起、控盐控糖、锻炼身体、稳定情绪……这些高级的欲望只能通过自律来达成。

一口一口的食物，搭建出你的肉身；一次一次的经历，搭建出你的灵魂。

身体犯懒，会慢慢毁掉你的皮囊；内心犯懒，会渐渐毁了你的梦想。

怕就怕，你承受不起这个年纪该有的运动量，却承受了这个年纪不该有的饭量，然后胡吃海喝了之后还想着要瘦。试问一下，心诚则零卡路里吗？

2 /

拿到体检报告时，老姜哆嗦了一下，就像是上学的时候听到老师说要公布考试成绩。

他没有马上打开，而是忐忑地耗到了下班，回到家，坐在沙发上，喝了几口水，再深吸了几口气，这才鼓起勇气一点一点地撕开了体检报告的密封条。

跟去年相比，各项指标都差不多，他的血压、血脂、肝、牙齿和颈椎都或多或少还有点儿问题，但他还是松了一口气。

对成年人来说，不是身体健康才可喜可贺，仅仅是体检没有查出新毛病，就值得笑出声来。

让老姜如此紧张的主要原因是，他邻座的同事上个月突然就没了，没有任何征兆。

在去世的前一天，同事还跟老姜打招呼、开玩笑，看起来非常正常，结果一觉醒来就凉透了。

法医给出的结论是："慢性睡眠不足造成的猝死！"

越来越多的猝死事件都在尖锐地提醒世人：死亡并不是终将会到来的事情，而是随时都可能到来的事情。

而现实中，有太多人是为了健康过着相当有病的生活。

经常废寝，但从不忘食。饭前抗糖丸，饭后脂流茶，然后心安理得地胡吃海喝。

不爱体检，却怕生病，还有一套自欺欺人的奇怪逻辑："只要不去体检，我就是健康的。"

坐着就能睡着，躺下却无法入睡。早上被闹钟叫醒的时候很抓狂，恨不得把昨晚上熬夜的自己丢进垃圾桶里；但到了晚上又特别清醒，也特别嚣张，勇猛地熬着夜，都快忘了自己姓什么。

饿了没精神，吃饱了又爱犯困。中午发誓绝不吃饱，"再吃撑，我就是狗"；晚上发誓绝不吃饭，"吃一口，我就是猪"。从此以后，是人的日子越来越少了。

久而久之，你的身体就像是散装的，二十几岁的年纪，配的是三十几岁的视网膜、四十几岁的皮肤、五十几岁的膝盖、六十几岁的腰，以及许多早已入土为安的头发。

睡眠就像是被造物主征收的百分之三十三的生命使用税，你敢偷税漏税，你就得付出惨重的代价。

我想提醒你的是，第一次犯的错误，大多数都可以被原谅。比如，第一次摔倒、第一次骂人、第一次逃课、第一次失职……但唯有第一次死不能！

你身上的每一个"零件"几乎都是一次性的。特别是眼睛、颈椎、膝盖、血管、肝脏，这些器官一旦受损常常是不可逆的。而辛辣刺激的啤酒海鲜、重油重盐的烧烤火锅、没完没了的手机和游戏，以及熬夜和久坐，会在无形中把你拖到危险的境地。

所以，困了就睡吧，你又不是没有明天的人。

3 /

电视剧《二十不惑》中，女主的颜值和身材都比同寝室的人要好很多，于是室友就跟女主抱怨："命运可真不公平。"

结果女主说："你们在熬夜通宵刷剧的时候，我为了我的脸早睡早起；在你们瘫着发霉的时候，我去跑步运动；吃个火锅，你们想吃红汤就吃红汤，可我呢？清汤还要过遍水，你们做得到吗？"

是的，好看又不肤浅，也不容易！

你在生活中看到的每一个神采奕奕的人，都是踩着刀尖过来的。你如履平地、舒适安逸地活了这么多年，当然不配拥有他那样的光辉。

自律或不自律的人，在三五天看来是没有任何区别的，在三五个月看差异也是微乎其微的，但在三五年来看，那就是身体和精神状态的巨大分野；如果是十年再来看，也许就像是一种人生对另一种人生不可跨越的鸿沟。

自律的人会吓唬自己："虽然不能再长高了，但还可以再长胖。"而你则一脸虔诚地喊："世间安得双全法，不负油炸鸡米花。"

人常常意识不到自律的重要性。尤其是在寒风凛凛的早上赖在被窝里酣睡的时候，在狐朋狗友的觥筹交错中胡吃海喝的时候，在夜深人静的亢奋中刷着短视频的时候……

但是人会突然意识到自律很重要。比如，去年的衣服今年穿上的时候感觉有点儿紧了；站在体重秤上看到那个数字有点儿刺眼；看见别人在职场上平步青云，或者感情生活丰富多彩的时候；翻开了体检报告看见了几个不想看到的箭头……

换言之，你不是不想自律，而是做不到。

因为在大清早把自己从温暖舒适的被窝里揪起来，再丢到外面的冷风中跑步，很苦；

因为在工作了一整天之后，还得去健身房里吭哧吭哧锻炼，很累；

因为在天朗气清的周末，推掉朋友的聚餐邀请，把自己关在房间里读书写字，很无聊……

而那些自律的人不会因为没喝到那杯奶茶而憋得慌，也不会因为没有参加朋友聚会而觉得没意思，因为对他们来说，高糖的奶茶就是不该碰，胡吃海喝的聚会就是没必要参加，用不着为此纠结，自然也不会觉得苦。

苦的是那些自制力差的人，最后不得不在跑步机上后悔吃得太饱了，在成绩单面前后悔玩得太多了。

成年人的世界没有公平可言。别人吃炸鸡的时候你也吃，别人喝奶茶的时候你也喝，别人吃一大块蛋糕的时候你也搞一大块，别人熬夜的时候你也熬，别人喝得不知道自己是谁的时候你也喝……

可是，别人可以一如既往地稳定在百斤以内，可以早上闹钟一响就起得了床，可以在老板要解决方案的时候给出几套备选，而你只能叹一口气说："哎，真不公平。"

一个善意的提醒：冬天不会是永远的，严寒一旦开始消退，肥肉就会破衣而出。

4 /

有记者采访一位女拳王。

记者问："你最爱吃什么？"

女拳王说："女孩儿爱吃的冷饮和甜品，我都爱吃，但我从来不碰。"

记者追问："就吃一点儿也不行吗？"

女拳王说："可乐喝一点儿，甜品吃一点儿，再晚睡一点儿，第二天再少训练一点儿，这些'一点儿'堆在一起就会变成大问题了，所以还是算了。"

记者又问："你能忍住，靠的是什么？"

女拳王答："我想成为最好的（拳手）。"

自律不等于无欲无求，相反，自律是非常"贪婪"，所以能够调动更大的欲望来征服眼前的小欲望。

一个身材曼妙的美女，长期控制饮食，长期健身，那是因为她对自己容貌的自我要求，对得到别人欣赏和爱慕的渴求，远远高过美食的诱惑，所以她自律。

一个日积月累学习，常年和自己死磕的人，没日没夜地自习、学习，那是因为他对成功的渴望，对逆袭的渴望，远远大于放纵和懒惰。所以，他自律。

一个家境殷实、帅气阳光的人，常年控糖控盐戒女色，那是因为他对事业的追求，对生命质量的追求，以及对实现人生价值的野心，远大于味觉和情欲。所以，他自律。

同样地，那个每天科学饮食的女生不是不爱高热量、高脂肪的食物，只不过她想要的是今年之内练出来马甲线；

那个每天埋在自习室的男生不是不爱打游戏、不爱刷手机，只不过他想要的是成为那所全球 Top10 的名校研究生；

那个周末还在补习的白领不是不喜欢在沙发上瘫着，然后一睡睡到下午，只不过对他来说，相比于睡懒觉，他更喜欢搞钱。

这些人很清楚，未来有可观的回报，远超过当下的享受，所以他们能克制自己。

怕就怕，有的人是因为好看能勾人，有的人是因为有趣能勾魂，而你没什么能勾的，只能勾芡。

所以，你想要肆意的人生，就要先学会克制。从克制熬夜、争取早起，到克制食欲、减轻体重，到克制各种不甘心、嫉妒心、得失心。

你喜欢吃冰激凌，那么平时就应该忍着不吃，将它作为特别日子的奖励，而不是想吃就吃，直到它变成拉肚子或者肥胖的罪魁祸首。

你觉得某个人很重要，那么平时就应该和他保持一定的距离，将他视为特殊状况的救命稻草，而不是大事小忙都找人家，直到让人对你避之不及。

你迫切想要完成某个目标，那么平时就应该拒绝那些阻碍你的小诱惑，而不是放纵散漫，直到一切都来不及了再悔不当初。

有一个变瘦的目标不等于就会变瘦，读书不等于知识渊博，想变得更好不等于就会变好。

想瘦和会瘦之间，隔着无数的"多吃一口，又不会死"；

读书和知识渊博之间，隔着无数的"多玩一会儿手机，又不会死"；

希望变好和真的变好之间，隔着无数的"偷一会儿懒，又不会死"。

我的建议是，把碳酸饮料换成凉白开，把没完没了刷朋友圈、刷微博换成读书、学习、运动；

把毫无节制地熬夜换成按时睡觉，把根本就停不下来的零食换成新鲜的水果；

把饿一餐饱一顿的不规律饮食习惯换成定时定量地吃饭；

把惶惶不可终日地躲在角落里迷茫换成出门去跑步……

当你越来越自律的时候，你会发现人生就像开了挂一样，所有的"心想"都可以变成"事成"。

没有人督促，你也能孜孜不倦；没有人喜欢，你也可以非常坦然。

怕就怕，距离你办健身卡已经过了大半年，可你的身型却没有丝毫改变，于是你亲自去了一趟健身房，然后问老板："帮我看看这张卡，到底是哪儿出了问题？"

5 /

一个喜欢熬夜玩游戏的男生对我说："我听说人类的寿命已经增长到了八十五岁，所以我相信，等我活到八十五岁的时候，现在大家担心的那些毛病，什么痛风、白内障、肩周炎，肯定都有治疗的办法了。"

我说："你活到八十五岁，和忍到八十五岁，是两种完全不同的命运。"

一个在饮食上毫无节制的女生对我说："我不理解为什么现在的女生一个个的都要减肥，难道像我这样不减肥的人就没有人喜欢了吗？"

我说："我不知道，但你可以站在异性的视角想象一下，你会找一个看起来自己打不过的人做女朋友吗？"

我曾问过一个非常自律的男人："为什么那么在意自己的身体？"
他的回答非常务实："保持健康，就是在跟同龄人抢饭碗，就是在跟医院抢钱。"

我曾问一个喜欢马拉松的姑娘："怎么会对跑步上瘾？"
她的回答非常酷："跑步分泌的多巴胺仅次于谈恋爱，三公里专治各种不爽，五公里专治各种内伤，十公里跑完内心全是坦荡和善良。"

我还曾问过一个各方面条件都很出色的女孩子："为什么还要这么拼？"

她的回答非常漂亮："虽然我是个女孩子，但是我希望以后有能力帮助我的家人、朋友以及另一半，而不是在他们无助的时候，我也无助。"

自律是自己对自己提要求，但自律的结果是：它会让你有底气跟生活提要求。

一个认真生活、认真护肤、认真管理身材的女生，肯定不会找一个邋遢、油腻、满脸是油，并且只会用嘴巴说爱情的男生。

一个努力健身、时刻提升自身形象和价值的男生，肯定不想找一个既胖又丑还懒的女生来共度余生。

你拥有的清醒和克制会化作眼神中的那一抹坚毅，你付出的努力和汗水会变成脸上的那一股精气神。

没有足够的精力做保障，你还奢谈什么独当一面？不能耐住性子、不能内心强大到浑蛋、不能拥有点儿真本事，你凭什么在生活面前软硬不吃？

所以，你一定要认真记住那些陪你熬夜、怂恿你胡吃海喝的人，就是这帮家伙害得你的黑眼圈这么重，皮肤这么差，肚腩这么厚，看起来这么老的。

同样的道理，如果你身边有一个特别自律的人，哪怕他看起来有点儿奇怪，有点儿无趣，甚至还有点儿不合群，哪怕他现在还没有做出什么成绩，哪怕他的天赋比同龄人看起来要差一些，请你一定不要低估这个家伙，因为他克制欲望的本领练到了炉火纯青的地步。

这恰恰说明了：他有非常想要的东西，而这个东西是普通人的放纵生活根本就给不了的。

厉害的人总是占极少数，每一条成功的法则都是反人性的、需要和周围的环境做斗争的。

换句话说，说一个人厉害、说一个人自律，其实就是说这个人愿意付出更多的代价。

哪有什么天赋异禀，不过都是百炼成钢；哪有什么天生尤物，不过都是修炼成"精"。

我们提倡自律，不是为了取悦别人，而是当你站在镜子前或者出现在照片上，你的亭亭玉立或者翩翩风度，你的坦坦荡荡或者落落大方，连你自己都会目不转睛。

03 世人慌慌张张，
   不过图碎银几两

1 /

在气跑了八个相亲对象和四个媒婆之后，黄姑娘的妈妈警告她："不结婚的话，回家连个说话的人都没有。"

黄姑娘喜上眉梢："哇哦，居然有这么爽的事情。"

五年前的她可没有现在这么会贫嘴，那时候她只是贫。

刚到北京的时候，她和两个不认识的女生合租一套三十多平方米的房子，因为没钱，她不敢参加聚餐，不敢瞎玩；因为房间小，赶上谁回来晚了或者谁失恋了，一点儿动静就能让她整夜失眠。

如果某个月碰上同学结婚、生孩子，或者自己不小心病一场，那她这个月就得吃好多天的泡面。

爸爸妈妈天天在视频里问："混得怎么样啊？"

她要么说"刚吃完火锅"，要么说"刚逛完街回来"。

然后绘声绘色地描述那火锅有多好吃，以及逛街的时候看到了什么好玩的事情。

挂完视频，她就眼泪汪汪地喃喃自语："我要回家！"

但转念一想："混成这个鬼样子回去，这七大姑八大姨不知道得笑成什么样子！"

再想到一回去就得结婚，她就把"一定要把辞职报告扔在满脸横肉的主管脸上"的想法生生地掐灭了。

就这样，一边想着"混不下去就回家算了"，一边吓唬自己"不努力是要结婚的"，黄姑娘在北京熬完了六年，月薪涨了近十倍。

这期间，她从嘈杂的合租房搬进了五环边的单身公寓里。

之前合租的小姐妹曾问她："你自己住有什么意思？"

她说："可有意思了，洗澡的时候还可以大声唱歌。"

她不再觉得主管是故意针对自己，也不认为客户会没事找事，更不会去猜同事有没有背后捅刀子。

她只担心工作没做到位，担心赚不到钱，至于谁为什么不喜欢自己，谁为什么把门关得那么响，谁突然把自己屏蔽了，她一点儿都不关心。

不论是把新买的车开进了臭水沟里，还是把咖啡泼到对她动手动脚的相亲对象脸上，她脸上总挂着"今天天气不错"式的微笑。

她也有被工作虐得想死、被客户气得想摔东西的时候，但她不会歇斯底里，搞不定的时候就去买买买，累得透不过气的时候就去玩玩玩，实在气不过来的时候就一脸严肃地撑回去。

经济能自立，人格和尊严就有人撑腰，爱情和自由就可以免受委屈。成年人用辛苦换来的，就是说"不"的底气。

所以，我劝你爱钱，不是劝你唯利是图，不是劝你纵容自己的物欲，而是爱钱带来的自由和自信。

成年人的世界里，很大一部分快乐和自由都需要用钱来维系，很大一部分麻烦和情绪都可以用钱来消化。在你孤立无援的时候，金钱往往可以为你助威；在你面对威逼利诱的时候，金钱往往可以替你撑腰。

比如，你喜欢摄影，你就可以去冰岛拍极光，去夏威夷拍海岸线，去非洲拍狮子；

你喜欢旅行，你就可以去巴黎看铁塔，去罗马泡个澡，去东京看樱花；

你喜欢安静，你就可以在自己的房子里四仰八叉地躺着，像兽窝在洞里。

努力赚钱的意义，就是为了让自己拥有更多的选择权，可以做更多自己想做的事；

就是在紧要关头，你可以凭金钱来维持一点儿自尊；

就是在数量繁多的生活方式面前，能够坦坦荡荡地选出最喜欢的那种活法；

就是尽可能地守住自己的原则和底线，尽可能地不被命运硬拽进烂泥里。

记住，每一分你赚的钱，都是你和生活单打独斗的底气；每一次你花的钱，都是在为你想要的世界投票。

2 /

胡先生突然说："老杨，真想来一场说走就走的旅行啊！"

我一想到他都说了八百回了，就补了一刀："如果你想去旅行，说明你最近不快乐；如果你想去却又没去，说明你又穷又不快乐。"

他发了一堆捂脸的表情，然后跟我吐槽他的现状。

他说最近跟老板总是聊不到一块儿去，他觉得老板太保守，而老板则认为他太冒进；

他说入职快三年了，工资却还是和三年前一样，但他又不太好意思提涨薪；

他说女朋友今年问了好几次"什么时候结婚"，但都被他搪塞过去了，他不是不爱，而是实在买不起房子……

等他吐槽得差不多了，我才很认真地对他说："如果我没猜错的话，你工作的目的是赚钱。所以，如果是和老板的思路有冲突，那就坦坦荡荡地讲出来。一大把年纪了，装乖的意义不大，不如让他知道你真正的想法，行就行，不行就趁早换地方。如果是对工资不满意，那该不要脸去争就得不要脸去争，你今天矜持一下，明天不好意思一下，最后除了委屈、不满、不甘，你什么都得不到。"

利益这种东西，你不主动去要，别人是不会主动给你的。但你要到了，不要觉得这是自己应得的，而是要心存感激。

很多人都不好意思谈钱。和恋人谈钱，怕对方觉得自己肤浅拜金；和老板谈钱，怕老板认为自己功利现实；和熟人谈钱，又担心伤了彼此多年的交情。

可是别忘了，我们都是凡夫俗子。进入社会之前，你可以天真烂漫，可以视金钱如粪土，可以拿面子当饭吃……

但是，当你进入社会之后，你就该明白，人生无退路可言，家庭不是，婚姻不是，恋爱不是，唯有你的能力和卡里的钱才是体面活着的底气。

对一个成年人来说，生活不只眼前的苟且，还有房费、饭费、水电费、孩子的补课费、老人的赡养费……

吃饭要花钱，喝水要花钱，开灯要花钱，洗澡要花钱，睡觉要花钱，出门要花钱，在房间里一动不动地坐着，也要花钱！

换句话说，成年人的美德就是努力赚钱。
有了物质做保证，你才能对讨厌的人说"走开"；
你才能在厌倦了工作之后，体面地退出；

你才能在一个晴朗的午后，心平气和地读一本闲书……

你就可以不用因为贵而买不起喜欢的鞋子，可以不用为了钱而选择不喜欢的人，可以不用为了谋生做不喜欢的事情，可以不用因为没钱而苦求他人……

怕就怕，别人都在三省吾身——每天频繁地反思，而你只能三"省"吾身——省着点儿吃，省着点儿花，省着点儿用。

是的，成年人的内伤只有一种：想买东西，但钱不够。

所以我的建议是，不要在年纪轻轻的时候把"我没钱"挂在嘴边，因为你不说出来，别人也能看出来。

不要故作高深地说"钱财乃身外之物"，准确来说是"别人的钱财"是你的身外之物。

也不要在一无所有的时候强调"知足常乐"，那只是不思进取或无计可施罢了。

真正能让人"长乐"的，是因为不甘心而锐意进取了，又因为努力而得偿所愿了。

所以刻薄一点儿说，钱不是粪土，我们才是。

哦，对了，世界上还真有那种天上掉钱的工作，就是在许愿池里当王八。

3 /

都说"贫贱夫妻百事哀",能哀到什么程度呢?

生完孩子的玲子最有发言权。玲子是 2015 年嫁到武汉的,怀孕的时候,整座城市就像一个大蒸笼。老公心疼她,就在网上淘了一个二手空调。

收到货的时候,她老公都快要气炸了,因为真的是又丑又吵,但退回去还得花一笔"巨款",所以只好凑合着用了。

当时太穷了,刚买完房子,还在租房住。房贷加房租,再加上玲子怀孕了不上班,生活这一系列组合拳打得这对新婚夫妇是满地找牙。

有一次去吃烤肉,看到一个点心特别想吃,但一小块就要四十多元,玲子舍不得,犹豫了好半天才跟旁边的服务员说不点了,服务员马上甩来一个凌厉的白眼。

玲子说她这辈子没恨过谁,但那个服务员,她到现在还在恨。

还有一次是去做产检,去的时候坐公交车去的,回来的时候又累又热,她就拦了一辆出租车,司机开出去一百多米才说:"不打表啊,一口价五十元。"她马上就急了:"你骗谁啊?马上靠边停车,不然我就跟你拼命!"

玲子下车之后哇哇大哭,为了十几块钱,挺着大肚子的她居然想跟人拼命。

成年人的生活仅凭爱意是远远不够的,因为有情并不能饮水饱!

一个人的时候，你大概率是可以忍受穷的，但两个人的时候就很容易怪罪于对方。

比如，是加班，还是回家腻歪；是打车，还是挤公交地铁；是出去吃顿好的，还是给对方的父母寄钱；是添置新家具，还是出去玩一趟……

比如，什么买贵了，什么买得不值，什么该买的没买，什么不该现在买的却买了……

如果养了孩子，你的体会会更加深刻。

你会发现，娃的一门功课，落在家长身上，就是一座大山。

你还会发现，"不让孩子输在起跑线上"就是一句骗人的鬼话，因为自己就是孩子的起跑线！

想对拿感情当饭吃的女生说，如果你每天只惦记着"他在干吗""他是不是真的爱我"，那么你就要做好在二十几岁就得忍受婆婆的横眉冷眼，在三十几岁就得踩着高跟鞋在菜市场里跟人讨价还价，在四十几岁就要提心吊胆老公是不是外面有人了的打算。

想对拿婚姻当救命稻草的人说，如果你还抱着"嫁入豪门，分他财产"的幻想，劝你赶紧打住。因为现在的《婚姻法》强调的是："你有什么，我保护你什么；你什么都没有，你就什么都别想。"

是的，只有净身入户的人才会净身出户。

没有安身立命的本事，你就得交出人生的主宰权。

毕竟，安全感这种东西是别人给不了的，他的安分守己或显赫家世给不了，他的甜言蜜语或海誓山盟也给不了。

能给你安全感的，是让你经济独立、思想独立、人格独立的本事，是让你饿了有饭吃、累了有房住、病了有药医的本钱。

当然了，不是有钱了就表明你不会担心别人会离开你，而是意味着，就算有一天，自己真的被背叛了，虽然也会痛，但你承受得起。

也不是有钱了，你就一定能和喜欢的人在一起，因为不是所有人都会嫌弃你穷，还有可能会嫌弃你丑，嫌弃你懒，嫌弃你不会说话，以及嫌弃你又丑、又懒，同时还不会说话。

4 /

我并不认为钱是一个人生命中最重要的东西，但如果你缺钱，钱就会显得尤其重要！

一个点外卖的女生说，台风过境，她"没人性"地点了一碗牛肉面，随后在楼上看见骑手冒着大雨赶来了，突然一个趔趄，他整个人都倒进了水坑里，但他很快就爬起来了，然后把电瓶车推到了路边，再跑步来送餐。

收到货的时候，女生都要哭了，因为快递员一直跟她说："不好意思，不好意思，刚才摔了一跤，面汤都洒了，您能不能不要给差评？"

一个胡子拉碴的男生说，如果有个女孩子不图你的钱，不图你的车，不图你的房，还一心一意只想嫁给你，请不要答应她。她不懂事，你得懂。

然后，他在前女友结婚当天发了一个朋友圈："一生清贫怎敢入繁华，两袖清风怎敢误佳人？"

一个在大城市里打拼的"月光族"女生说，前几天跟妈妈视频，妈妈绕了好几圈才小心翼翼地问她"钱够不够花"，她说"刚刚够"。她妈妈愣了一下，然后嘱咐她花钱不要大手大脚的。

过了几天，她才从表妹那里知道，是家里的农机坏了，需要钱修，而爸妈又不好意思问别人借，只好找她开口，但见她捉襟见肘又心疼了，最后只好撇下脸面去找邻居借。

女生哭了一整夜，她只是恨自己不争气。

一个急诊科的医生说，某天夜里来了两个民工，一个急匆匆地喊"医生快来"，一个捂着手指头嗷嗷乱叫，他们的手上、衣服上都是血。医生一看是手指头被什么东西切掉了，就对他俩说："马上进行手术，是可以接上的。"

结果伤者怯怯地问了一句："手术要花多少钱？"他回答了一个概数之后，对方马上说："那不接了，你直接上点儿药水处理一下吧。"

一个一米九几的大汉说，当年病重的父亲已经被推进手术室了，在即将打麻醉的前一刻，站在走廊里忐忑不安的他听见一个护士大声喊："某某的家属请注意，这个手术暂时不能做了，你们的手术费用还没交齐呢！"

大汉一屁股坐在走廊的地上，一边骂尽了脏话，一边使劲地抽自己耳光。

原来，容易崩溃的不是成年人，而是成年穷人。

所以，年轻的你不要穷得那么心安理得，要努力赚钱，要有计划地花钱，这不是俗气，而是因为要用钱去捍卫尊严的时刻太多了。

对于大多数人来说，单单缺钱这一件事，就为人生这趟旅途设置了九九八十一难。

人如果是兽，那么钱就是兽的胆子。

有钱的意义不在于挥霍，而是能让你的爱情更纯粹一点儿，让你的原则更夯实一点儿，让你父母的晚年更安康一点儿，让你的子女更快乐一点儿，让你的某个旅程更舒服一点儿，让你做某个选择的时候更坦然、更坚定一点儿……

你就不用那么担心自己或者家人被病痛侵袭而束手无策，甚至可以为他们免去很多痛苦。

你就不用担心自己的儿女配不上其他人，还能成为他们坚实的后盾。

你就不用担心物质的贫困带来精神的短视，不会因为一点小钱变得蝇营狗苟。

努力赚钱不是为了富甲一方，也不是为了纸醉金迷，而是为了拥有更多的选择权，为了不用再放下尊严或者体面去赚一些让自己窝火的臭钱，为了在亲人有需要的时候能够底气十足地对他们说"没事儿，有我呢"，为了在被勉强的时候能够理直气壮地对世界说"我就不"。

人间的苦难并非不能忍受，没有爱可以，但没有钱很难。当你有了足够的内涵和物质做后盾，整个人生就会变得底气十足。

04 不幸的人，
一生都在治愈童年

1 /

有个家长找我帮忙，一开口就是："求求你了，救救我的孩子吧。"

他说他不知道怎么跟儿子交流，父子俩在哪里见面，哪里就会变成战场，气不过来的时候，他就会动手去打。

最剧烈的一次冲突发生在今天下午，儿子扶着窗户，恶狠狠地对他说了一句让他脊背发凉的话："别再逼我了，不然连名带姓，包括命，我都还给你！"

他说："我真的搞不懂，儿子为什么会这么恨我？"

他说他辛辛苦苦地把儿子养大，供他去当地最好的学校上学，请最好的家教，上最贵的补习班，给他衣食无忧的生活，就因为这次考试没考好，在家长会上吼了他两句，结果他就要去死。

我回复道："换个角色想一想，老板给你发工资，但如果老板无视你的努力，甚至在你竭尽所能之后，还不分青红皂白就说你是猪脑子，你是不是也会恨他？你受不了老板，可以选择跳槽；孩子受不了你，却没有选择，只能选择跳楼。"

他问我："多脆弱啊？居然会因为被吼了几句就想着要死？"
我反问："多绝望啊？居然连死都不怕？"

我想说的是，让他崩溃的，根本不是今天的辱骂，不是某个巴掌，不是一份排名，而是之前无数次的不被尊重、不被理解、不被关心而积攒下来的无助和失望。

压死骆驼的从来就不是最后的那根稻草，而是之前的每一根。

很多家长其实不知道自己已经在无意间给孩子造成了多大的伤害。
听见孩子抱怨学习压力大，你就不屑地说："读书这点儿压力就受不了，将来到社会上有屁用？"
看见孩子退步了，你就失望地说："你知道为了供你上学，我活得有多辛苦吗？"
看见孩子没考好，你就恼怒地说："考得那么差，你怎么不去死啊！"
看见孩子没认真，你就开火："就会玩手机，你就是个废物！"
看见孩子被人比下去了，你就会嫌弃地说："你看看别人家孩子，你再看看你。"
而如果孩子顶嘴了，你就会恶狠狠地说："养你还不如养一条狗，最起码它还会对我摇尾巴。"

再间歇性地配合着一个白眼、一个巴掌、一记重拳、一记飞踹，又或者是一个接着一个的、无声的摇头，一串接着一串的、刺耳的哀叹……

这就好比说，你把他的腿打折了，然后给他买了一副最好的拐杖，再对他说："你看，没有我，你连路都不会走。"

你不知道的是：

他可能刚刷完两套数学题，还背了五十个英语单词，还在想着写一篇作文，他其实一点儿也不轻松，甚至还有可能非常疲惫！

他可能在考试的那几天得了重感冒，可能是硬撑着才考完的，他其实比你还想考好，可惜状态实在是太糟糕了。

他可能刚刚被同学排挤了，郁闷了一个下午，又不敢跟你讲，只好在手机里找好友倾诉，他只是不想被你发现，可惜还是被发现了。

他可能被喜欢的人拒绝了，难过得睡不着觉，又不知道要怎么办，只能是郁郁寡欢地熬了好几天……

所以我的建议是，不要动不动就对那个已经很烦、很无助、很难过的孩子大吼大叫或者长吁短叹了，考出那个成绩，混成那个熊样，他已经很难过、很无助了。

此时，你所有的责备都是落井下石，你所有的施压都是雪上加霜。

亲子关系一塌糊涂的主要原因是，做父母过于霸道，并充满了偏见，误以为生养了孩子就是孩子的主宰，就能高高在上地对他颐指气使,就可以不管潮流的变化,不问孩子的真实想法,不管孩子的喜好,觉得只要养活了孩子,孩子就理应对自己言从计听。

说句不好听的,这哪是养孩子,更像是养狗。

与其跟孩子强调你为了他有多辛苦,不如抽出一点点空闲陪他聊聊天。

与其用发脾气的方式胁迫他上进,不如心平气和地问他最近为什么不开心。

生活确实不容易,可这不是孩子的错;扛住的确很难,可那是为人父母的责任。

生活的艰难不是你的孩子造成的,也不是孩子能承受的,也不该成为孩子在犯错、失意时,加重孩子负罪感的理由。

孩子没有能力消化这份巨大的罪恶感,只能在自责和不安中,越来越厌恶自己,也越来越恨世界。

而一次次的情绪累计,一次次的失望叠加,会让他越来越确信:自己就是不好,世界就是不值得爱。

对孩子来说,最恐怖的不是位居人后,不是穷困潦倒,而是父母任由自己在黑暗中倒下去,非但没有伸出援手,反而还要当头棒喝。

在无力、无助和无望的"三无"世界里,孩子最需要的,是你承认他的努力,感知他的情绪,引导他直面成长这场战役。

怕就怕，你所谓的"为了孩子好"反倒成了逼死孩子的重要因素，你以为的"给孩子最好的"反倒成了逼疯孩子的主要原因。

希望你的孩子在把东西弄坏了之后，第一反应不是"完了，我爸一定会杀了我"，而是，"看来我需要给我爸打个电话"。

希望你的孩子在考砸了之后，第一反应不是"死定了，回家又得挨骂"，而是，"好想和妈妈一起散散心啊"。

希望你的孩子在失恋之后，第一反应不是"唉，肯定又得被他们说'活该'"，而是，"嘿嘿，以后电影票都归我老爸买"。

希望做家长的都能明白，如果你的孩子真有选择出生在谁家的机会，你其实是没什么竞争力的。在你强调自己为了孩子所做的诸多辛苦时，你也应该感激孩子的不曾嫌弃。

2 /

想起一个女生的私信，同样是没有任何铺垫，一上来就扔出了三个冰冷的问题：

"真的会有人对被带到这个世界上心怀感激吗？"

"为人父母，为什么只是考虑他们要不要孩子，却从不想一下孩子愿不愿意让他们这样的人当自己的父母？"

"或者至少想一想：'像自己这样的人做孩子的父母，会不会让孩子失望啊？'"

我回了三个"问号",她这才开始讲述自己的"悲惨人生"。

在她五岁那年,创业成功的父母却离婚了,她被判给了强势且刻薄的妈妈,到如今二十四岁,她被迫接受了将近二十年的"仇恨教育"。

因为妈妈天天强调"男人没有一个好东西",所以她做好了一辈子都不谈恋爱的打算。

因为妈妈总对她说"要处处防人",所以她不敢跟任何人走得太近。

她曾想过告诉妈妈,说她没什么朋友,说她很自卑,可每次一开口,就听见妈妈的咆哮:"怎么就你那么多事?"

她曾想跟妈妈分享学校里的开心难过,可才说了开头,妈妈就会挑着自己的毛病使劲戳,指责自己这里不对、那里不好,却从来没有告诉她怎么做才算好。

她说从小到大,妈妈对她的要求就是必须要强,所以每当她跟人示弱的时候,妈妈就会说她是"没用的东西",所以直到现在,她也很少有勇气去求人帮忙。

她说一听见妈妈的声音就像是噩梦一样,所以她现在很努力,只有一个目的,那就是离开这座城市,更准确地说,是离开妈妈。

她问我:"为什么偏偏让我摊上这样的妈妈,为什么她不用考试就可以成为妈妈?她总是用'把你生下来多不容易''养你多不容易'来逼我放弃反抗,可她问过我吗?我根本不想被这样的妈妈生出来啊!"

我回复道:"我没资格劝你原谅,我只能劝你'先放一放',不要反复咀嚼父母的错误和曾经受的痛苦,要把精力用在过好眼前的日子，做好手头的事，然后尽快实现经济上和精神上的独立。"

我想说的是，虽然你没有办法选择父母，但你的人生还有的选。

可能父母与人的相处模式并不融洽，但你与别人的相处模式是由你决定的。

可能父母的人生态度并不乐观，但你自己的生活态度是可以乐观的。

过去的经历是你活得很难的原因，但同时也是你变得更好的动力！

没有任何力量能让你的父母回到童年去修复你的过去，但是，也没有任何力量可以阻止你去过好每个今天。

这肯定会很难。在一个不和睦的家庭长大的孩子，自我性格完善的修行之路要更长、更坑洼不平。别人很容易就能做到的情绪稳定或者积极向上，你却要经历无数反复、自暴自弃与自我厌恶才能做到。

但是别放弃，这是你的一生，仅此一次的一生。

3 /

在一个不幸的家庭中长大的孩子有多惨呢？

我听过一个让人非常心疼的回答：活得就像一个父母双全的孤儿！

他会习惯性地自卑、敏感、胆怯，会主动示弱、主动照顾别人的情绪和感受，因为从小到大都活得小心翼翼的，所以委屈自己、勉强自己就变成了"应该的"。

他一辈子都在寻找爱,把朋友、恋人、伴侣、孩子当作人生的救命稻草,抓住了一个就绝不松手。

他不敢跟父母沟通,也不想沟通,就算他内心非常渴望被人关心和理解。

他甚至不想再看见自己的父母,也不想再为父母流一滴眼泪,即便父母把毕生最好的东西都给了他。

结果是,父母与子女之间的爱也出现了:"爱到愿意为对方去死""非常爱""比较爱""一般爱""不爱""讨厌""恨""恨不得对方去死"等不同的等级。

现实当中,越是混得差的父母,就越喜欢跟孩子强调"养育之恩"。因为他自己活得很辛苦,还要对孩子付出,就会觉得自己付出得太多了,太辛苦了,就会非常委屈,孩子稍微没有顺从他们的意思,他们就会暴怒。

孩子混好了,他们就觉得这是他们的功劳;孩子没混好,他们就会说:"我怎么生了你这么个东西!"

更糟糕的是,这种不健康的家庭关系,就像高速公路上的连环追尾事故,其恶劣的影响会代代相传。

我不止一次听到男生女生的抱怨,说自己的父母根本就不懂自己,不爱自己。当然也不止一次听到家长的抱怨,说孩子不懂感恩,不理解父母。

其实,父母与子女之间的代沟,正是由于仗着自己有经验优势的家长和仗着自己有年轻优势的子女共同挖掘的。

子女不屑于父母的不变通,父母则恼怒于子女的叛逆。双方都有着自己的坚持和情绪,虎视眈眈地对峙在"代沟"的两旁,既不沟通,也不和解。

想对家长们说三点:

(1)不要频繁地对孩子说"谁谁怎样了不起"或者"谁谁比你强多了"。对孩子来说,这些全是伤害,起不到任何的激励效果。更好的激励是,你和他都相信"孩子能行",而不是再三提醒他不如谁。

(2)有话好好说。每一次你告诉你的孩子"我凶你,是因为我爱你",就是在变相地"帮"他混淆了愤怒与爱意,等他长大之后,他就会爱那个伤害他的人,伤害那个爱他的人。因为那个人看起来跟你很像。

(3)家是花盆,而子女是种子。花盆的用途在于为种子提供一个安心成长的空间,而不是指挥种子应该结出什么果子来。

因为站在孩子的立场来看:"你是很爱我,但你一点儿都不喜欢我!"

开明的亲子关系,就是父母可以提要求,但允许子女不听,子女不会因为父母提了要求就嫌他们烦,父母也不会因为子女不听话就指责他不孝;就是子女的各种感受、想法、意见,可以在父母那里安全且自由地流动;就是父母给出意见时,没有居高临下的"必须怎样",没有未经商量的"只能这样",没有试图掌控的"你还想怎样"。

05 聪明的极致是靠谱，
好看的极致是清白

1 /

曾听过一个老板说，他手下有个老员工，能力还行，就是喜欢占便宜。平时吃饭只点盒饭，一赶上加班就点海鲜（因为能报销）。老板早就知道，但什么都没说，只是这么多年，这位老员工一直都升不上去。

这个老员工永远都不会明白，自己的仕途如此坎坷仅仅是因为几盒外卖。

曾听过一个孩子妈妈说，她家之前用市场价两倍的价格请过一个保姆，本打算一直合作到宝宝上小学的。但孩子妈妈突然发现，这个保姆喜欢顺走家里的小东西，比如纸巾、勺子。保姆肯定以为没有人能注意到，但巧在孩子妈妈是个过目不忘的人，她没有挑明了说，只是借"全家要出去玩几个月"的理由让保姆很自然地离开了。

这个保姆永远都不会知道，失去一份待遇颇丰的工作仅仅是因为几包纸巾。

事实上，人类的小聪明根本就藏不住，毕竟，大部分人类躲猫猫还停留在幼儿园中班的水平。

耍小聪明最严重的后果不是被人揭穿，而是没人揭穿。
所以他们永远不知道自己为什么不被重用，永远不清楚自己为什么运气不好，永远搞不懂为什么遇不到贵人……
他们以为的"聪明"，不过是张口就来的谎言，装模作样的努力，打的不过是别人不抬眼睛就能看穿的算盘罢了。

切记，让人放心，这比什么都重要；如果做人不行，那什么都不重要。

2 /

陪朋友去拜见了一位超厉害的插画师，他把我俩领进画室之后，就说："抱歉，有一幅画就剩收尾了，你们能等我一下吗？"我俩点头之后，他就在画前忙碌了起来。
后来的交谈中我才知道，这幅画他已经花了一个星期。

朋友问插画师："你画得已经很好了，为什么还要花那么多时间去修改？修改的工作为什么不交给你的团队去做？"

插画师的回答非常务实:"客户可没有外行人,哪一笔画得好不好,是谁画的,他们一眼就能看出来。"

拜访之后,朋友就决定以后的作品都找这位插画师,即便他的报价比别人贵好多倍,即便要排队等好多天,即便交稿的周期比别人要长好几倍。

我笑问朋友"如此大方"的原因,他的回答也非常务实:"他做事,我放心。"

做事让人放心的人,他不允许自己糊弄,所以他说话坦荡且硬气,做事认真且尽力。

给人的感觉是,你花在他身上的每一分钱,他都不会浪费。

对普罗大众而言,职场的路没有捷径可言,不要耍小聪明,不要想抄近路,不要想着怎么把自己"择干净"。

先让自己"靠谱"起来,包括能力上的出众、情绪上的稳定、人格上的独立……这样才有可能逮住稍纵即逝的机会,才有可能遇到所谓的"贵人",而不是空有满腔热血却无用武之地,然后凄凄惨惨地说自己生不逢时。

如果你天赋一般,那就接受自己的笨拙,在技能方面多花点儿时间,在待人接物方面多用点儿诚意,那么你出人头地是早晚的事。

怕就怕,笨人偏要耍聪明。

比如，漂亮的话一套接着一套，但常常是说一套做一套；

比如，每次踩低别人都会故作姿态地发表声明"我这完全是就事论事"；

又比如，动不动就喊出一些他自己都不信的誓言，给出一些他根本就无法保证的承诺。

这种人给人的感觉就像是墙上挂的冒牌牌匾，头像画的是李白，文字内容源自普希金，落款却是苏轼。

与这样的人共事，你根本就不会有安全感。你会忍不住提醒他注意这个、注意那个，因为只要你不提，他肯定会出错。

可即便如此，你还是得提心吊胆地过每一天，因为他随时都有可能拉你去填坑。

所以，如果尚在人间，就不要鬼话连篇。要做个落落大方的人，是纯而不蠢的那种，而不是蠢而不纯的那种。

大多数人并非受不了委屈，也不是吃不了亏，而是受不了"你把我当傻子"。

你试图利用我，你的某句言语让我感觉到不尊重，你把小聪明用到我的身上。我可能不会拆穿，但我已经在心里偷偷地给你打叉、扣分，直到这段关系自动终止。

很多老板可能会奇怪："为什么靠谱的员工越来越难找了？"

那是因为，靠谱且便宜的员工是不存在了，"靠谱"本身就意味着价格不菲。

很多员工可能会抱怨:"领导总是把吃力不讨好的任务丢给听话、能吃苦、能干活的人,但好处总是给那些和领导私交好、会拍马屁、会吹牛,以及那些领导觉得难缠、不愿意惹的人。"

而我想提醒你的是,如果你一直认真下去,你就会发现,领导能给的好处中,利益最大的还是给你了。

对你个人来说,更大的好处是,你在不知不觉中已经能独当一面了。

靠谱之所以难,是因为做一天好人容易,保持三分钟热度容易,在某个公开的场合表现良好容易,在没有得势的时候强调人人平等容易……

难的是,在没有人看见的地方依然很有教养,在麻烦缠身的时候也依然意志坚定,在和讨厌的人合作时也能交出让人满意的答卷,在聒噪的环境中仍旧保持独立思考,在鼓励谎言的场合仍然选择诚实,在拥有权力的时候仍然懂得尊重别人。

在感情中变得靠谱的做法是:给对方没有压力的陪伴,给对方没有条件的信任,给对方看得见的在乎。

在社交中变得靠谱的做法是:不当众夸赞自己,不添油加醋地在背后说人坏话,在人之上时把人当人,在人之下时把自己当人。

在职场中变得靠谱的做法是:先完成,再完美;先解决问题,再解决情绪;先让自己值钱,再想怎么赚钱。

切记，任何一种关系，一旦开始玩脑子，就没劲儿了。

3 /

某个甜蜜的日子，我发了一条微博："假如生活欺骗了你，不要悲伤，不要心急，没有对象的日子里更需要可乐和炸鸡，相信吧，单身的日子还长着呢。"

没一会儿，桃子小姐就给我发了一长串的"哈"。我提醒她"赶紧吃药"，结果她给我发了一张与前任聊天的截图。

图片的左边是她发的两条三十多秒的语音，第三句是她说的"这种感觉你能理解吗"。

而前任的回答很简洁："啊！这也太那个了吧。"

我："没懂。"
她："我发的是空白语音，他假装听完了，还附和我。"
我："就因为这个分手？"
她："如果一个月有五十件这样的假模假式的事情呢？我一个人原本可以活得很好。可他呢，不想送伞却总是问'要不要伞'，不能陪我吃饭却总问'饿不饿'，不打算给我买却不停地问'想不想要'。"

原来，比绝望更让人绝望的是那些早就听厌了的希望。
所以，不要轻易给了人希望，又轻易辜负了别人的期待。

上司把最重要的任务交给你，真的就是认定了只有你能做得最好，所以不要一边享受着被重用的荣耀，一边用浑水摸鱼的方式浪费大家的时间。

朋友跟你分享最深的秘密，真的就是到了他无法独自承受的地步，所以选了最被他信任的你，你不能利用这份真心去换取其他人的信任。

恋人把假期都留给了你，是真的相信你说的"下次带你去吃""下次带你去玩""下次带你去看"，如果你根本没有那个打算，你可以不承诺。对方听到承诺时有多开心，以后就有加倍的伤心。

承诺这种东西，张嘴很简单，但兑现很难，就像是把手推车装满很容易，但结账很难。

那么你呢？

进行一项事情，你会半途而废吗？一件东西用完之后，你会放回原地吗？别人跟你说了一件事，你办不办，都一定会回复吗？如果当时不能及时回复，在你能回复的时候，你会解释一下上次不回复的原因吗？

我的建议是：

如果有人找你聊天，你说"等一会儿聊"，那忙完了之后就要问问他有什么事要说；

如果有人拉你入伙，你说"想一想"，那想好了要告诉对方一个结论；

如果有人追你，你说"考虑一下"，那考虑好了要给出一个明确的答复；

如果恋人给你看了一张美食、美景的照片，你说"下次带你去"，那就要把这件事情列入行程之中；

如果跟朋友见面时随口提了"我给你介绍个朋友""我帮你介绍个工作"，之后要及时给人反馈。

所谓靠谱就是：做事有首尾，做人有诚信。

很多人喜欢把口头承诺当客套话用，热热闹闹地讲出来，但从未想过兑现。于是，越来越多的人都习惯了"这种话不必当真"。

可是，一定有那么几个人，在说了类似的客套承诺之后，兑现得既准时，又认真。

比如，"明天给你打电话"，然后第二天真的打了；"下周一起吃饭"，然后下周真的约你了。

还有说了"我去洗澡了"之后又跟你说"我洗完了"，在"我要去吃饭了"之后又跟你说"我吃完了"，在"有事在忙"之后又跟你说"我忙完了"，在"到家了给你打电话"之后真的打电话告诉你"我到家了"……

因为有了这些后续，那个人就像是重新出现在你面前了，一边冲着你笑，一边对你招手说："我的事情都弄完了，我们可以继续聊天啦。"

所以，想清楚了再承诺，不要动不动就发毒誓，如果不能兑现承诺就遭雷劈，就被车撞，就断手断脚，那就意味着：保险公司要莫名其妙地赔你一大笔钱,父母要含辛茹苦地照顾你下半辈子,一家人要因为你的失约而赔上身家性命……

发毒誓并不能增强可信度,它只会暴露你的自私和不负责。反正我的个人偏见是:所有爱发毒誓的人都是自私鬼!

切记,承诺是鞭子,不是兴奋剂。

4 /

有个高三的学生,她的父母因为意外都瘫痪在床,一家人的生计都成了问题。

有好心人给她打电话:"只要你能考上大学,以后你的学费、生活费都由我来出。"

后来,高考成绩公布了,她给好心人报喜:"叔叔,我考上了。"
好心人对她说:"恭喜你,给我一个账号,我这就给你转账。"
结果她说:"我就是来告诉你一声,不是来要钱的,已经有人捐助我了。"

好心人愣住了,他说:"你完全可以从我这里再拿一份捐助的,没有人会知道的,就算知道也没关系,毕竟你家里那么缺钱!"
结果这个学生说:"爸爸从小就教育我:人但凡有一次不要脸,就会有两次、三次,所以一次都不能不要脸。"

一开始让人舒服的，常常是长相和语言；但一直让人舒服的，一定是教养和人品。

人呐，不仅要有肉体上的羞耻，还要有精神上的羞耻，就像灵魂也需要穿衣服。

这样的人根本就"奸"不起来，也"渣"不起来，因为他的家教、三观、经历、职业道德、自我要求会在诱惑出现时一起呵斥他"那样不行"，会在坏心思出现之前就警告他"那样不对"。

你只要做了一次假，骗过一次人，就算别人原谅了你，但在之后相处的过程中，无论你把话说得多漂亮，总会有人记得"这个人骗过人""这个人造过假"。你不能怪别人不宽容，你只能怪自己不诚实。

再多的掩饰都擦不掉道德上的污点。这就好比说，即便是套上了垃圾袋，也没有人会觉得垃圾桶是干净的。

人心就像一个高科技产品，一旦它察觉到了一丁点儿的不诚实、不可靠，就会自动锁死。而那些原本向你靠拢的机会、运气、财富、好感也都会在瞬间消失。

5 /

不靠谱的人有很多，尤其需要小心这四类：
（1）只说好处却不谈风险的人。他们的目标就是挖坑等你跳，所以不要迷恋成功者的传奇，有空多去逛逛失败者的墓地。

（2）机关算尽却又故作天真的人。要听他说了什么，更要看他做了什么。如果一个人极力宣扬他自己都不信的东西，那他就是做好了干任何坏事的准备。

（3）在小群体里拉帮结派的人。小群体里最可怕的就是那种有意让你和其他人都不好，却让每个人都跟他好的那种人。

（4）趋炎附势的人。在你得势的时候猛贴过来的人，一般也会在你落魄的时候倒打一耙。在你面前聊别人八卦的人，一般也会在别人面前说你的是非。

人性的丑陋之处就在于：凡是媚上的人，必定欺下；凡是善于奉承的人，一定精通诽谤。

一个靠谱的人应该是这样的：

不要在快乐的时候承诺，不要在生气的时候做决定，不要在迷茫的时候选择更容易的路，不要在自己做决定后把责任推到别人身上，不要把眼前的幸福视为理所当然。

在困难面前会做最坏的打算，但会尽最大的努力；在失败面前会认真检讨自己，而不是有意推卸责任。

允许自己羡慕别人，但还是会真心地为别人的成功鼓掌；不怀疑自己经过深思熟虑得出的结论，但有耐心听完别人的不同意见；在给出评价之前，能站在对方的立场上通盘考虑；在做出承诺之前，能记得自己曾对承诺失望过。

即使认识到了自身的渺小和卑微，依然不放弃自身应尽的责任和义务；即使历经世间的坎坷与忐忑，仍然坚守人性的纯善与美好。

我的建议是，做事就踏踏实实地下真功夫，做人就诚诚恳恳地付出真心，尽力去争取卓尔不群，同时也尽力去避免德不配位。

最后，祝你不缺钱，也不缺德。

（全书完）

成年人的世界没有容易二字

作者_老杨的猫头鹰

产品经理_曹曼 扈梦秋　　装帧设计_游游　　产品总监_曹曼
技术编辑_陈皮　　执行印制_梁拥军　　策划人_于桐

营销团队_阮班欢 李佳 闫冠宇　　物料设计_游游

果麦
www.guomai.cn

以 微 小 的 力 量 推 动 文 明

图书在版编目（CIP）数据

成年人的世界没有容易二字 / 老杨的猫头鹰著 . -- 南京：江苏凤凰文艺出版社，2021.11（2024.10 重印）
ISBN 978-7-5594-6285-5

Ⅰ . ①成… Ⅱ . ①老… Ⅲ . ①成功心理 – 通俗读物 Ⅳ . ① B848.4-49

中国版本图书馆 CIP 数据核字 (2021) 第 191227 号

成年人的世界没有容易二字

老杨的猫头鹰 著

出 版 人	张在健
责任编辑	李成懿　王　青
特约编辑	曹　曼　扈梦秋
装帧设计	游　游
出版发行	江苏凤凰文艺出版社
	南京市中央路 165 号，邮编：210009
网　　址	http://www.jswenyi.com
印　　刷	河北鹏润印刷有限公司
开　　本	880 毫米 ×1230 毫米　1/32
印　　张	10
字　　数	230 千字
版　　次	2021 年 11 月第 1 版
印　　次	2024 年 10 月第 18 次印刷
印　　数	250,501—255,500
书　　号	ISBN 978-7-5594-6285-5
定　　价	45.00 元

江苏凤凰文艺版图书凡印刷、装订错误，可向出版社调换，联系电话：025-83280257